高等职业院校课程改革项目优秀教学成果

高职高专教育精品教材

U0318304

CorelDRAW 中文版
基础与实例教程（第2版）

主　编　潘　力　高文胜　黄荣梅

副主编　高　博　魏　群　黄婷婷　崔晓群

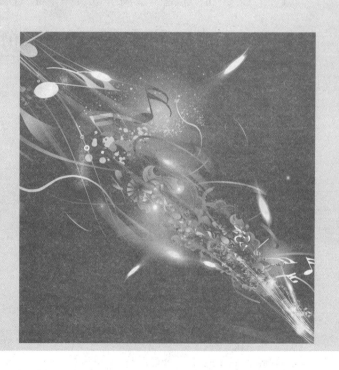

北京理工大学出版社
BEIJING INSTITUTE OF TECHNOLOGY PRESS

内 容 提 要

本书以CorelDRAW X6软件操作为基础,讲解图形创意设计方法和思路,并配有大量图案设计、商标设计和包装设计实例,在详解软件各功能和使用方法的同时,引领读者边学边练、学练结合,在实践中逐步掌握具体的设计和绘图方法及对软件的综合运用能力。本书共两篇,包括6个情境教学和4个项目训练,其中情境教学包括图形处理技术概述、CorelDRAW X6中文版功能简介、对象的管理和编辑、基本图形绘制、图形填充与位图编辑、文本与图形处理,项目训练包括图形创意设计、标志设计、产品包装设计、企业形象设计,基本涵盖了实际工作中常见的设计内容及问题解决方法。

本书可作为高职高专院校计算机专业学生学习计算机基础课程的专业教材,也可作为从事相关行业的计算机技术人员的参考用书。

版权专有　侵权必究

图书在版编目(CIP)数据

CorelDRAW 中文版基础与实例教程/潘力,高文胜,黄荣梅主编. —2 版. —北京:北京理工大学出版社,2022.6 重印

ISBN 978-7-5682-5287-4

Ⅰ. ① C… Ⅱ. ①潘… ②高… ③黄… Ⅲ. ①图形软件—教材 Ⅳ. ① TP391.41

中国版本图书馆 CIP 数据核字(2018)第 023417 号

出版发行 / 北京理工大学出版社有限责任公司

社　　址 / 北京市海淀区中关村南大街5号

邮　　编 / 100081

电　　话 / (010)68914775(总编室)

　　　　　(010)82562903(教材售后服务热线)

　　　　　(010)68944723(其他图书服务热线)

网　　址 / http://www.bitpress.com.cn

经　　销 / 全国各地新华书店

印　　刷 / 北京紫瑞利印刷有限公司

开　　本 / 787毫米×1092毫米　1/16

印　　张 / 18　　　　　　　　　　　　　　责任编辑 / 王玲玲

字　　数 / 457千字　　　　　　　　　　　　文案编辑 / 王玲玲

版　　次 / 2022年6月第2版第4次印刷　　　　责任校对 / 周瑞红

定　　价 / 49.00元　　　　　　　　　　　　责任印制 / 边心超

Preface

前　言

随着经济全球化的趋势越来越明显，计算机数字艺术作为人类创意与科技相结合的产物，已成为21世纪知识经济的核心内容。

本书以企业设计任务为背景，通过大量的图形制作实例，系统介绍了图形设计与构思、图形处理和设计方法等内容，学生在学习后，能对CorelDRAW X6的理论知识、操作技巧及设计方法等有一个系统的掌握。

本书以图形设计理念为基础，系统讲述了运用CorelDRAW X6进行图形处理的方法，具有很强的实用性和可操作性，并配备大量实际案例，强调理论与实践相结合，具有内容丰富、理实一体、学习目标明确等特点。

1. 本书以培养学生设计素质、创造性思维及对设计原理和设计方法的理解力为基础编写，因而教师在使用本教材过程中要注重实效性，以使学生明确每堂课的学习目标和评价标准。

2. 在教学中，教师可根据学生的实际情况对本书内容进行详略讲解，其中略讲部分可只提示重点，引导学生自己阅读、学习书中内容，然后组织学生讨论并进行总结，这样更有利于学生主动思考。

3. 书中案例的安排主要是为了便于学生理解具体内容，教师在教学中还可根据实际情况再补充一些案例。

4．教师可安排学生根据本书练习题进行练习，也可根据所讲授内容自行拟定练习题。

5．在教学中，各专业教师可根据专业要求对讲授内容有所侧重，并在本课前后安排与其内容有联系的基础课程。

本书是编者对在设计领域二十多年实践经验的总结，对CorelDRAW设计相关专业的学生及从事相关行业的工作者具有较强的实用价值。

本书由潘力、高文胜、黄荣梅担任主编，由高博、魏群、黄婷婷、崔晓群担任副主编，潘力编写情境教学2、情境教学4、情境教学5，高文胜编写情境教学1，黄荣梅编写情境教学3。参加编写的还有李冬梅、徐申、郎士杰、刘璐。本书在编写过程中参考了大量文献资料，其中部分被列在参考文献中，在此向这些文献的作者表示感谢。书稿完成后，孟祥双、郝玲、王维等帮助阅读了全部或部分书稿，并对书稿提出了修改意见和建议，在此对他们表示衷心的感谢。

由于编者水平有限，书中难免存在疏漏和不足之处，恳请相关专家及广大读者批评指正。

编　者

Contents

目 录

情境教学 1
图形处理技术概述

学习目标

1. 了解图形创意设计；
2. 掌握图形创意的原则；
3. 理解图形创意理念；
4. 学会图形创意的表现形式；
5. 懂得图形设计师的能力要求。

※ 1.1　图形发展与创意设计理念

　　从社会发展历史与图形创意设计发展历史两个方面看，二者存在辩证关系。社会经济的发展造就了图形创意设计的繁荣，而图形创意设计又促进了社会经济的发展，从而导致图形创意设计必须融于社会经济发展，必须为社会经济服务。从历史发展角度看，社会经济高度发展的时期，也是文化繁荣的时期。

　　由于社会对图形创意设计的需求剧增，造成广告图形创意设计、产品图形创意设计、环境图形创意设计等专业人员紧缺。而近年来经济形势越来越好，使得图形创意设计专业成了全国同类院校（系）的一个热门专业（图1.1.1）。

图 1.1.1　图形创意

1.1.1　任务 1——了解图形创意设计的概念

　　从图形创意设计本身的发展来看，现代图形创意设计的起源有两个明显特征：其一是劳动的分工，其二是生产工艺的改进。图形创意设计是以物象原形为基础，以突出主题形象为根本，通过对物象原形的加工改造而达到加强视觉效果的目的。"彩笛卷"给人展示的是一幅动物卡通形象，经过创意设计后让人感觉特别醒目，如图1.1.2所示。

图 1.1.2　图形创意设计

　　随着社会经济的发展，社会需求随之加大，人类的文明和审美情趣也在不断提高，这就为图形创意设计既提供了雄厚的物质基础，又提出了更高的要求。另外，社会经济高度发达时期也是社会观念大变革、大解放时期，这也为图形创意设计的应用和发展提供了更广阔的空间。

1.1.2　任务 2——了解图形创意设计的发展方向

　　知识经济的发展是图形创意设计发展的基础。我们必须自觉、主动地把握知识经济社会的特点，使图形创意设计思想、图形创意设计观念、图形创意设计方法、图形创意设计手段、图形创意设计传播等诸方面打上信息时代的烙印。图形创意产生的基本条件是，图形设计人员要具备一定的素质和多方面的修养，这样才能将广告设计素材进行创造性的组合。图形特有的表现技巧和艺术加工手段要具有丰富想象力和独创性，因此加工的图形主题鲜明生动，有强烈感染力，才算是一个成功的创意，如图 1.1.3 所示。

图 1.1.3　商品图形创意设计

电子信息技术的飞速发展为图形创意设计手段的改变提供了技术上的保证，势必引发图形创意设计思想、图形创意设计观念的变革。当今，随着以计算机网络为代表的信息时代的来临，社会经济活动逐步转向信息化生产、加工、处理、传播等形式，这为图形创意设计的发展提供了更为广阔的空间，如图 1.1.4 所示。

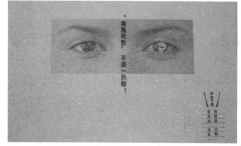

图 1.1.4　创意设计概念图

1.1.3　任务 3——掌握图形创意设计理念

图形创意设计有两类，当与现存作品关联时，为改良性图形创意设计；当与幻想、未来关联时，为创造性图形创意设计。无论是前者还是后者，图形创意设计总是离不开生活中一点一滴的积累，它是理性与感性的交融体。优秀的图形创意设计作品源于图形创意设计师具有"良好的心态＋优越的生活＋冷静的思考＋绝对的自信＋深厚的文化"。

1. 图形创意设计师

推销员向客户推销的是产品，而图形创意设计师向客户推销的则是他自己，销售的是他自己的创意思维、理念。

2. 图形创意设计

在单纯地利用图形创意设计元素方面，我们与世界一流图形创意设计大师是平等的。同样的点、线、面、体，同样的色彩，同样的图形创意设计法则，那么为什么我们没有达到他们的高度呢？撇开"机遇""文化"不谈，"冷静、独立的思考"是关键。

原创对于图形创意设计师而言非常重要，它能使图形创意设计作品具有生命力，不被同化，不重复雷同，具有独创性。图形的创意就是将设计定位清晰地表达出来，是通过构思创造充分表现主题的具有实际和情感作用的艺术表现形式，是看不见的构想过程，而这种过程都是在潜意识层发生的，如图 1.1.5 所示。

图 1.1.5　平面图形创意设计

※ 1.2   图形的作用与表现形式

图形是设计作品的表现形式，也是其中最敏感和备受关注的视觉中心。设计作品都以独特的图形语言准确又清晰地表达设计的主题，以最简洁有效的元素表现富有深刻内涵的设计理念，由此可以看出，图形是设计的灵魂。

在当今的读图时代，一篇优美的设计文案远不如一幅富有创意的图形画面带来的视觉冲击力大，由此可见，图形创意在设计中占据着非常重要的地位。

1.2.1   任务 1——了解图形在设计中的作用

图形作为构成设计版面的主要视觉元素，它和设计效果具有密切的关系。图形设计是为了创造一个具有强烈感染力的视觉形象。在设计中，图形的作用主要表现在以下几个方面：

（1）准确传达设计的主题，并且使人们更易于接受和理解设计的内容。

（2）有效利用图形的"视觉效果"，吸引人们的注意力。

（3）根据人们的心理反应，吸引人们的视线，从而引导人们阅读文字。

1.2.2   任务 2——学会图形创意的表现形式

图形创意是指作为造型元素的说明性图画形象，经一定的形式构成和规律性变化，被赋予更深刻寓意和视觉感染力的创造性作为。它具有符号性、传播性、独创性、易识别性和可记忆性（图1.1.6）。

图 1.1.6   创意图形设计

目前图形的表现形式主要有三种：位图、矢量图和三维模型。虽然运用三种表现形式后显示的效果看起来差不多，但它们遵循的理论不同，艺术家需要围绕这三种表现形式的理论进行相应的设计。

位图是一张由数列规则的微小方块组成的图片，这些小方块称为像素，如图 1.1.7 所示。每个像素可以用不同深浅的颜色着色，其颜色范围超过 1 600 万种。所以，在每平方英寸内，像素的数量越多，色调的过渡越平滑，图像的细节就越丰富，看起来就越逼真。每平方英寸内的像素数量决定图像的分辨率，图像的分辨率越高，像素看起来越小。运用绘图软件，可以像在纸上或布上一样在屏幕上绘制图形、符号。目前绘图程序提供了分层的概念，使得图形作品设计时可以运用多个元素，每一层都可以独立地移动、缩放、上色和变形。

图 1.1.7　位图

矢量图软件是运用数字图形算法语言来定义独立的形状。和绘制基本的矩形、椭圆和多边形一样，矢量图软件也可以绘制平滑的曲线，这种贝兹曲线可以帮助艺术家创造任何形象。

矢量图绘图程序中，图形中每个元素都是一个独立的表象，如图 1.1.8 所示。矢量图非常适合用于绘制插图，插入图案。

创意图形追求的是以最简洁有效的元素来表现富有深刻内涵的主题。优秀的设计作品无须文字注解，人们只需看到图形便能迅速理解作者的意图。

图 1.1.8　矢量图

※　1.3　图形设计探索与原则

在现代网络技术快速发展的阶段，图形创意设计表现出了它高于其他绘画艺术的地位。有的图形创意设计师声称要创建新的艺术形式作品，他们认为这种创建行为无法由普遍和谐或集体无意识等一些模糊的概念来决定，而是一种创造性的行为。因为，这种使用了传统绘画通用的式样和色彩要素设计的创意作品，既保留了传统作品的某些美感，又有新的创意。

1.3.1　任务 1——探索图形设计

当人们停止了对思维的探索，也就是常说的失去了感觉的时候，就必须突破这一困惑，使自己重新回到最初的学习状态。感觉并不是图形设计的唯一价值，因为在连续的图形设计发展时期里，计算机技术得到了发展，这就不可避免地使感觉这一基本要素被其他神秘性价值或逻辑性价值冲淡。图形设计的生命力似乎有赖于感觉与其所从的社会背景因素中滋生的任何一种理智或情感之间的巧妙平衡。

如果人们对图形设计追求的感觉停止了，就不可避免地产生紧张情绪和矛盾感。此时，让紧张情绪得到松弛的一个办法就是削弱感觉，但如果图形创意设计要继续发展，就必须恢复人的紧张情绪。这样始终存在矛盾，一般有如下两种解决方法：

（1）图形设计师重新回顾他的创意设计历程，尽量使他的作品形式向具有权威性的传统观念的作品形式靠拢。

（2）图形设计师向前迈进一步，达到一个全新的、独创的感觉境界——反对现有的习俗，创造出新的、与当代图形设计更相适应的习俗。这样做实际上是在恢复原有图形设计的基本性质——十分纯粹的、富有生命力的审美感觉，只是背景是新的，而且是由一种不受限制的感觉和一系列新的社会条件所构成的综合体，它在图形设计变化、进步过程中构成了一种独创性行为。

1.3.2　任务 2——掌握图形创意的原则与方法

图形创意的原则有两点，其一是把原来的许多旧要素舍弃；其二是将旧的要素与新的内容重新组合。因此，作为图形创意设计师，养成寻求各事物之间相互关系的习惯是最为重要的。

在掌握创意的原则后，再介绍实际产生创意的方法。这一方法是根据美国著名广告家韦伯·扬在其《产生创意的方法》一书中阐述的 5 个步骤加以补充得到的。

（1）搜集原始资料。许多人忽视这一步骤，不去有序地完成搜集资料的任务，被动地等待灵感的来临，这是他们得不到好的创意的主要原因。这一步骤中应搜集的资料有两种：特定的资料与一般的资料。特定的资料是指与图形有关的资料。要找到图形与有关资料之间的关联可能并不容易，但找到了就可能产生创意。

（2）分析资料。这一步骤是将获得的资料加以分析的过程，完全是在设计者的大脑中进行的，很难用具体的术语准确地描述。在这一步骤里，设计者会得到某些不完整的或不够成熟的创意，应该以文字或图画形式记录下来。

（3）深思熟虑。在这一步骤里应该顺其自然，大胆地放弃问题，并且尽量不要去想它，可以听音乐、看电影或游公园等，这样可以把问题置于意识之外，并刺激下意识的创作过程。

（4）产生实际创意。这一步骤要耐心地完善新发现的创意，因此，必须把创意拿到现实世界中，使被创意者所忽视且有价值的部分重新被审阅者融入全新的创意组合中，如图 1.1.9 和图 1.1.10 所示。

图 1.1.9　实际产生创意（1）

图 1.1.10　实际产生创意（2）

（5）实际应用。这一步是将形成、发展和最后完善的创意，实际应用到广告媒体中，如招贴广告、样本广告、报纸广告、户外广告和 POP 广告。

美是创意的一个方向，要表达美，主要考虑使用者的反应、需求与潜在要求。例如，可口可乐就非常注重使用者的潜在需求，并以此逐步完善产品，以使产品更好地迎合年轻人的消费理念，象征一种新的消费阶层和群体。

图 1.1.11 图形设计

这样我们得出的结论是，创造力只是观念上的、主题上的和结构上的，而绝不是感觉上的。人们可以利用新的思维方式和行为方式解决自己的问题，突破环境和无意识状态下的障碍，对整个图形创意设计时存在的矛盾和起源有清楚的认识。传统和现实同在，说明了图形创意设计的复杂性和不协调性（图 1.1.11）。

※ 1.4 图形设计中的创意与思维

随着科学技术的飞速发展，图形设计已进入了个性表现和计算机绘图时代，图形设计更加丰富多彩，各种风格的图形创意纷至沓来。创意是创造性思维的一种典型形式，是在遵循一定应用原则的前提下，以多种方式表现在设计作品中，是设计领域里的一种创新意识。

图 1.1.12 创意图形

图形创意是通过对设计的中心深刻思考和系统分析，充分发挥想象思维和创造力，将想象、意念形象化、视觉化的过程。逆向思维是图形创意与表现的一种非常行之有效的思维方式，它可以进一步拓展图形创意与表现的空间（图 1.1.12）。

1.4.1 任务 1——了解创意的思维基础和思维方式

图形设计作品的创意性源自图形创意的思维，这种思维的结果在本质上必然是新颖的，必须产生人们无法预计的图形结果，必须是有目的和目标明确的行动。因此，图形创意思维是指在客观事物基础上产生新颖的、前所未有的思维成果。图形创意的思维对于设计师来说是独立的个人行为，图形创意的过程就是一个想象的过程。图形作为与受众视觉沟通的要素，它又是由受众同设计师互动交流的行为产生的。

图形创意的创新性动力来源于创造性思维活动，正确的思维方法有利于创造性思维的开展。图形创意的思维是为了获得独创性的、新颖的图形，当一般的思维方法不利于解决这类问题，或者有效程度不高时，就应该考虑另辟蹊径。图形创意的思维表现形式总的来说可以分为以下两类：

1. 形象思维与抽象思维

形象思维始终是依靠想象、情感等多种感性心理功能进行的，而想象和联想是形象思维进行过程中所使用的主要手段。形象思维具有整体性的特点，强调从整体上把握事物，并通过事物的整体形象把握其内在的本质和规律。

抽象思维的过程始终是依靠概念进行的，就如同形象思维始终离不开感性形象一样。所谓抽象，实质上就是人们将自身对事物的认识去伪存真，保留合理的普遍共识，丢掉表面琐碎的个别形式，经过理性的分析、判断、分类综合等手段，加以提炼与升华。

形象思维与抽象思维在人类的思维活动中，往往是相互关联、交融并用的。它们既有一定的特殊性，也存在着一定的普遍性，因此，在设计实践中，应学会合理地运用形象思维与抽象思维，从而提高自身设计思维的能力。

2. 逻辑思维与逆向思维

逻辑思维是思维的更高层次，是人类在认识客观世界的过程中以合理的思维方式去解决认识过程中的感性、知性和理性矛盾的能力。众所周知，任何事物都是在发展变化的，因此，人类对于事物概念的认识，也是发展变化的。但是，在一定时期内概念却又是相对确定的，这就要求我们在思考问题时，学会用逻辑思维的方法分析问题、解决问题。只有这样，才能使我们的设计思维得到提高与升华。

逆向思维是思维的一种特殊表现形式，是建立在逻辑思维的基础之上的，是逻辑思维的延续。由于设计思维是以合乎逻辑的思维方式去思考的，因此，逆向思维又是逻辑思维的更高层次。

1.4.2 任务2——掌握图形创意设计中逆向思维的应用

逆向思维是创造性思维的一种典型形式，集中体现了创造性思维的独特性、批判性与反常规性。从事物矛盾双方的关联性上来讲，逆向思维是指从一种现象的正面想到它的反面或按相反的方向行事，找准事物的对立面，并以此为基点展开构思的方法；从思维运动方向上来讲，逆向思维是指思维做反向运动，采取与通常思考问题相反的方式，把对事物的思考顺序反过来，突破常规地进行思考，从无道理中寻找出道理。

一般在图形设计的思维过程中，我们是沿着惯有的思维定式进行思考的，每一个人都有自己的思维方式，而逆向思维就是要打破这种定式，从全新的角度进行思考，通过不同于常规的思维方法，将思考推向更深层次，将头脑中的创意观念挖掘出来。从心里接受的角度看，人们在看到一个熟悉的事物形象时，总是很自然地联想到生活中既有的"常规"或"习惯"印象，这些"习惯"或"常规"是人们生活中长期积累所形成的视觉定式，一旦接触的视觉信号与既有经验定式相异，甚至截然相反时，眼前的悖异形象就会与脑中的定式习惯产生强烈的冲突，由此带来的视觉感知和心理刺激，会牢牢吸引观者视觉的注意力和心理警觉，引导他们去积极寻求传达内涵的释解。

※ 1.5 图形设计师能力要求

如今，对图形设计师的能力要求已经不单是掌握简单的绘画和图案设计方面的原理和原则了，还包括拥有合理的智能结构，即记忆、观察、思维、想象、创新、反应、表达、研究、组织、协调和管理等方面的能力。

1. 记忆能力

记忆能力是设计师学习和创新不可缺少的基本能力。记忆的强弱影响着其他能力的效应，因此，有意识地培养记忆能力，是设计师不可缺少的基本训练。

2．观察能力

观察是设计师知觉形态中有意识、有计划的一种活动。如果说记忆是策划的基础，那么观察则是策划的关键。观察是一个思考到认识到实践再到观察再认识的过程，从生动的直观形象到抽象的思维再到实践，是认识真理和客观现实的辩证途径。

3．思维能力

思维能力是设计师对客观事物做出思考的能力。思维是一种客观现象，它为创造智能提供了广阔的活动土地。思维能力的类型很多，主要包括抽象思维能力和现象思维能力。思维的过程是设计师对客观事物分析和综合的过程。通过抽象思维，去粗取精，去伪存真，留下本质的东西，抛弃非本质的东西，找出客观事物的本质与规律性的认识。经过分析，综合抽象、概括，进而做出判断和推理，这是设计师认识客观事物不可缺少的思维能力。

4．想象能力

想象，是设计师智能结构的一个重要部分。想象力既是一种思维能力，又有别于思维能力，设计师在创意过程中，只有具备想象能力，才能使设计达到一定的高度。没有想象力，就没有创新，想象力同样是设计师不可少的能力。

5．创新能力

创新能力是设计师能力结构中的核心部分。以创意为中心是广告设计的灵魂，没有创新，就没有创意。创新能力是指设计师在设计活动中具有提出新思想、新意境，想出新形象、新方法、新点子的能力。因此，创新能力在整个设计师的智能结构中占有重要地位。

6．反应能力

设计师对客观事物反应能力强，敏锐性就高；反应能力差，对外界刺激的反应就迟钝。作为一个设计者，不可能处于最佳可行的态势，为此，一个智能齐全的设计师必须具有对外界客观事物的刺激有较好的反应能力。

7．研究能力

研究能力是指设计师探求未知、揭示事物性质和发展规律的能力。设计师必须具有研究问题、确定问题和解决问题的能力。研究问题是解决问题的前提。如果设计师对广告主提出的问题缺乏研究、分析和优化的综合能力，所确定的广告目标就很难准确无误地完成。

8．表达能力

表达能力是指设计师在拟定计划时，表达自己观点和意见的能力；或在广告活动中，运用设计将创意有效地表达出来的能力。表达能力包含说服能力、解释能力、辩论能力、文字写作能力，以及动作语言、表演的感染力等。

设计师还要同时对其他艺术有广泛的爱好，这样对于设计才智的发挥，有不可忽视的作用。

※ 1.6　图形设计基础应用实例

（1）新建一个页面，单击属性栏中的【横向】按钮，将页面设置为横向。

（2）单击工具箱中【矩形工具】按钮，绘制一个矩形，如图 1.1.13 所示。

（3）单击工具箱中【椭圆形工具】按钮，绘制一个椭圆，按住 Ctrl 键向下移动，然后按 Ctrl+D 键再制，如图 1.1.14 所示。再选中这组椭圆，按 + 键复制，并调整椭圆位置，制作出另一边的椭圆，如图 1.1.15 所示。

　　（4）在矩形左上角绘制一个椭圆，横向复制一组并在属性栏中设置旋转参数为 90°，完成上面的椭圆效果，如图 1.1.16 所示。

　　（5）选中这组椭圆，按＋键复制，然后调整椭圆位置制作下面的椭圆，如图 1.1.17 所示。

　　（6）选中所有图形，单击属性栏中的【焊接】按钮，焊接完成后的效果如图 1.1.18 所示。填充渐变色由冰蓝到白，如图 1.1.19 所示。

　　（7）单击工具箱中的【椭圆形工具】按钮，绘制 7 个椭圆形作为花瓣和花心，然后填充花瓣颜色为靛蓝色，花心颜色为橘红色，如图 1.1.20 所示。

　　（8）使用【椭圆形工具】和【贝塞尔工具】绘制花的叶子和茎，然后填充叶子为绿色，设置茎轮廓宽度为 1，如图 1.1.21 所示。

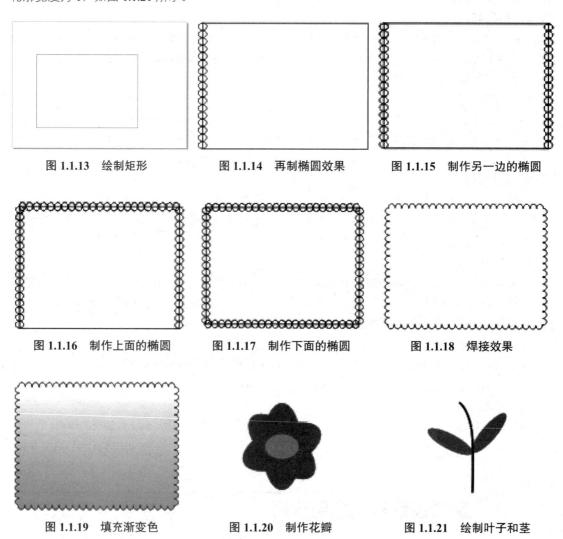

图 1.1.13　绘制矩形　　　　　图 1.1.14　再制椭圆效果　　　　图 1.1.15　制作另一边的椭圆

图 1.1.16　制作上面的椭圆　　图 1.1.17　制作下面的椭圆　　　图 1.1.18　焊接效果

图 1.1.19　填充渐变色　　　　图 1.1.20　制作花瓣　　　　　图 1.1.21　绘制叶子和茎

　　（9）将花瓣和叶子进行组合，完成花朵图形，如图 1.1.22 所示。复制花朵并缩小到合适的位置，然后将花瓣填充为黄色，花心填充为粉色，如图 1.1.23 所示。

　　（10）复制绘制好的两朵花，单击属性栏中的【水平镜像】按钮，镜像的图形完成后的效果如图 1.1.24 所示。

图 1.1.22　组合花朵图形　　图 1.1.23　复制花朵并调整颜色　　图 1.1.24　镜像花效果

（11）使用【椭圆形工具】，绘制出蝴蝶的一侧图形并将其进行群组，如图 1.1.25 所示。

（12）复制绘制好的蝴蝶一侧图形，单击属性栏中的【水平镜像】按钮，镜像的图形完成后的效果如图 1.1.26 所示。

（13）将所有绘制好的图形放置到矩形中并调整到合适位置，完成后的效果如图 1.1.27 所示。

图 1.1.25　绘制蝴蝶的一侧图形　　图 1.1.26　完成蝴蝶图形　　图 1.1.27　完成手帕效果

思考与练习

1. 思考题

（1）图形创意思维包括哪些内容？

（2）图形在设计中有哪些作用？

（3）简述图形创意的表现形式。

（4）简述图形创意设计中的逆向思维。

（5）图形设计师应具备哪些能力？

2. 练习题

在图形创意设计、商品图形创意设计和平面图形创意设计的制作过程中，了解 CorelDRAW X6 中文版软件的基本操作。

收集图形创意的资料，分别比较它们的构图、色彩和规格大小。

第一篇 情境教学

情境教学 2
CorelDRAW X6 中文版功能简介

学习目标

1. 了解 CorelDRAW X6 的基本功能；

2. 掌握图形绘制基本操作；

3. 理解绘图环境设置；

4. 学会应用实例；

5. 懂得绘图环境设置。

CorelDRAW X6（CorelDRAW Graphics Suite X6）是 Corel 公司出品的一版矢量图形制作软件，为设计师提供了矢量动画、页面设计、网站制作、位图编辑和网页动画等多种功能。

※ 2.1　CorelDRAW X6 中文版概述

CorelDRAW X6 是目前国际和国内市场上最为流行的基于矢量的绘图软件，可用来制作高水准的专业级美术作品，CorelDRAW X6 绘图工作界面和强大的帮助功能帮助设计者很方便地使用它，并从中体会到很多东西。

2.1.1　任务 1——了解 CorelDRAW X6 中文版的各项功能

CorelDRAW Suite X6 具有多项重大改进的新功能，能够为用户提供轻松处理各种项目（包括徽标和 Web 图形、多页小册子、超炫标牌和数码显示）的工具和资源。其中包括：

1. 活动文本格式

CorelDRAW X6 引入了活动文本格式，从而使用户能够先预览文本格式选项，然后再将其应用于文档。通过这种功能，用户可以实时预览许多不同的格式设置选项（包括字体样式、字体大小和对齐方式），从而免除了通常在设计过程进行的"反复试验"。

2. 独立的页面图层

用户可以独立控制文档每页的图层并对其进行编辑，从而减少了出现包含空图层页面的情况。用户还可以为单个页面添加独立辅助线，并可以为整篇文档添加主辅助线。因此，用户能够基于特定页面创建不同的图层，而不受单个文档结构的限制。

3. 交互式表格

使用 CorelDRAW X6 中新增的交互式表格工具，用户可以创建和导入表格，并可以轻松地对表格和表格单元格进行对齐、调整大小或编辑操作，以满足其设计需求。此外，用户还可以在各个单元格中转换带分隔符的文本，以及轻松添加和调整图像。

4. Windows Vista 集成

CorelDRAW 是经过 Windows Vista 认证的唯一专业图形套件。CorelDRAW X6 旨在利用 Windows Vista 的最新创意功能，为 Windows XP 用户提供最佳体验。CorelDRAW X6 可以通过【打开】和【导入】对话框直接与 Windows Vista 的桌面搜索功能集成，从而使用户能够按作者、主题、文件类型、日期、关键字或其他文件属性搜索文件。

5. 文件格式支持

通过增加对 Microsoft Office Publisher 的支持，CorelDRAW X6 保持了其在文件格式兼容性方面的市场领先地位。

6. 专业设计的模板

CorelDRAW X6 包括专业设计且可自定义的模板，以帮助用户轻松地开始设计过程。设计员注释中随附了这些灵活且易于自定义的模板，这些注释提供有关模板设计选择的信息、针对基于模板输出设计的提示，以及针对在自定义模板时遵守设计原则的说明。

7. 专用字体

CorelDRAW X6 扩展了新字体的选择范围，可帮助用户确保已针对目标受众优化其输出。这种专用字体选择范围包括 Open Type 跨平台字体，这可为 WGL6 格式的拉丁语、希腊语和斯拉夫语输出提供语言支持。

8. 欢迎屏幕

通过 CorelDRAW X6 的欢迎屏幕，用户可以在一个集中位置访问最近使用过的文档、模板和学习工具（包括提示与技巧及视频教程）。为激发用户灵感，欢迎屏幕还包括一个图库，其中展示了由世界各地 CorelDRAW 用户创作的设计作品。

9. 原始相机文件支持

Corel PHOTO-PAINT 包括对原始相机文件格式的支持，从而使用户能够直接从他们的数码相机导入原始相机文件。借助不同相机类型的支持及可提供实时预览的交互式控件，用户可以通过 Corel PHOTO-PAINT X6 和 CorelDRAW X6 查看文件属性及相机设置，调整图像颜色和色调，以及改善图像质量。

10. 矫正图像

使用 Corel PHOTO-PAINT，用户可以快速轻松地矫正以某个角度扫描或拍摄的图像。通过 PHOTO-PAINT 的交互式控件、带有垂直和水平辅助线的网格及可实时提供结果的集成柱状图，用户可以比以往更轻松地矫正扭曲的图像。此外，用户还可以选择自动裁剪他们的图像。

11. 色调曲线调整

通过功能增强的【色调曲线】对话框，Corel PHOTO-PAINT X6 用户可以更精确地调整他们绘制的图像。并且，用户在调整图像时，可使用集成的柱状图接收实时反馈。此外，用户还可以使用新的滴管工具在其图像的色调曲线上精确定位特定颜色位置，以及沿着色调曲线选择、添加或删除节点。

2.1.2　任务 2——了解 CorelDRAW X6 中文版工作界面

1. 启动 CorelDRAW X6

用户可以在【开始】菜单中执行【程序】中 CorelDRAW Graphics Suite X6 下的 CorelDRAW X6 程序启动 CorelDRAW X6。

2. 进入 CorelDRAW X6

（1）启动计算机，进入 Windows。

（2）单击 Windows【开始】菜单按钮，在弹出的快捷菜单中选择【所有程序】命令。

（3）在【所有程序】下拉菜单中选择 CorelDRAW Graphics Suite X6，然后再选择 CorelDRAW X6 命令，如图 1.2.1 所示。在第一次运行 CorelDRAW X6 时，会开启欢迎界面窗口，如图 1.2.2 所示。

3. 欢迎界面窗口的选项

欢迎界面上的链接按钮和其右侧的 5 个选项卡的链接按钮其实是一样的，分别为【快速入门】【新增功能】【学习工具】【图库】和【更新】。

（1）快速入门页面包括【新建空白文档】【打开最近使用过的文档】【打开其他文档】和【从模板新建】命令。

（2）新增功能页面包括【版面和文本编辑】【设计资产】【工作流】和【CorelDRAW 新增功能浏览】命令。

图 1.2.1　进入 CorelDRAW X6 工作界面　　**图 1.2.2　CorelDRAW X6 欢迎界面窗口**

（3）学习工具页面包括【视频教程】【CorelTUTOR】【专家见解】【提示与技巧】【历史记录】【图库页面】和【更新页面】命令。

注意：在以后对 CorelDRAW X6 的操作中，默认欢迎面板为快速入门面板，若希望其他面板为欢迎界面的默认面板，可以选中此面板左下角的【将该页面设置为默认的'欢迎屏幕'界面】复选框。如果不希望欢迎界面出现，可以取消选中面板左下角的【启动时始终显示欢迎屏幕】复选框。

每次启动 CorelDRAW X6 时，会显示出初始界面及版权信息，如图 1.2.3 所示。

图 1.2.3　CorelDRAW X6 初始界面及版权信息

4. CorelDRAW X6 中文版的工作界面

打开 CorelDRAW X6 后，在欢迎窗口中单击【新建空白文档】按钮，就可以看到如图 1.2.4 所示的操作界面，CorelDRAW X6 所有的绘图工作都是在这里完成的。熟悉 CorelDRAW X6 操作界面，是学习 CorelDRAW X6 绘图制作等各项设计的基础。

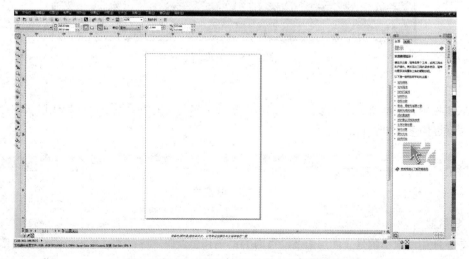

图 1.2.4　CorelDRAW X6 中文版操作界面

1）菜单栏

CorelDRAW X6 的主要功能都可以通过执行菜单栏中的命令选项来完成，执行菜单命令是最基本的操作方式，CorelDRAW X6 的菜单栏中包括【文件】【编辑】【视图】【布局】【排列】【效果】【位图】【文本】【表格】【工具】【窗口】和【帮助】12 个功能各异的菜单命令，如图 1.2.5 所示。

图 1.2.5　CorelDRAW X6 菜单栏

2）常用标准工具栏

在常用标准工具栏中放置了最常用的一些功能选项，并通过命令按钮的形式体现出来。这些功能选项大多数都是从菜单中挑选出来的，如图 1.2.6 所示。

图 1.2.6　常用标准工具栏

3）属性栏

属性栏提供在操作中选择对象和使用工具时的相关属性。通过对属性栏中的相关属性的设置，可控制对象产生相应的变化。当没有选中任何对象时，系统默认的属性栏中提供文档的一些版面布局信息。图 1.2.7 所示为【矩形】属性栏。

图 1.2.7　【矩形】属性栏

4）工具箱

系统默认状态下工具箱位于工作区的左边。工具箱中放置了经常使用的一些编辑工具，并将功能近似的工具以展开的方式归类组合在一起，从而使操作更加灵活方便，如图 1.2.8 所示。

图 1.2.8　工具箱

5）状态栏

在状态栏中显示当前工作状态的相关信息，如被选中对象的简要属性、工具使用状态提示及鼠标坐标位置等信息，如图 1.2.9 所示。

图 1.2.9　状态栏

6）导航器

在导航器中间显示的是文件当前活动页面的页码和总页码，可以通过单击页面标签或箭头来选择需要的页面，适用于进行多文档操作，如图 1.2.10 所示。

图 1.2.10　导航器

7）工作区

工作区又称为桌面，是指绘图页面以外的区域。在绘图过程中，可以将绘图页面中的对象拖到工作区存放，类似于一个剪贴板，它可以存放不止一个图形，使用起来很方便。

8）调色板

系统默认状态下调色板位于工作区的右边，利用调色板可以快速地选择轮廓色和填充色，如图 1.2.11 所示。

图 1.2.11　调色板

2.1.3　任务 3——掌握 CorelDRAW X6 中文版的基本操作

在设计制作平面广告或是商业作品时，都要先对 CorelDRAW X6 软件进行一些基础的操作或设置，而这些都是初学者需要掌握的。

绘图软件分为两大流派：位图处理软件和矢量绘图软件。位图处理软件以 Adobe Photoshop 为代表，另外，Windows 自带的画图工具也是基于点阵绘图方法来处理图形图像，并且为大家所熟悉。随着 Windows 图形界面的不断推广，矢量绘图软件也得到了很大的发展，现在流行的矢量绘图软件有 Adobe Illustrator、CorelDRAW 和 FreeHand MX 等。矢量绘图是一种面向对象的基于数学方法的绘图方式，当对图形图像进行任意的缩放处理时，图形图像能够维持原有的清晰度，颜色和外形将不会产生模糊和出现锯齿状。而基于点阵方式的位图是由一系列像素点组成的，当对图像进行缩放时，不会维持原来的清晰度，放大倍数过大时，出现马赛克就是一个极为典型的例子。

1. 自定义操作界面

在 CorelDRAW X6 中，自定义界面的方法很简单，只需单击鼠标拖动，即可移动常用工具栏到自定义位置，或变为浮动菜单，如图 1.2.12 所示。

图 1.2.12　自定义界面

在 CorelDRAW X6 中，可以通过在【工具】菜单中的【自定义】对话框中进行相关设置，来进一步自定义菜单、工具箱、工具栏及状态栏等界面，如图 1.2.13 所示。

2. 文件的导入与导出

由于 CorelDRAW X6 是矢量图形绘制软件，使用的是 CDR 格式的文件，所以，使用其他素材进行制作或编辑时，就要通过导入命令来完成，而使用导出命令导出的图形文件适用于其他软件。

使用图形的导入命令时，执行菜单中【文件】|【导入】命令，或按 Ctrl+I 组合键即可，或单击【导入】按钮即可。

在绘制图形的过程中，常常需要导入位图素材图片。由于位图的文件尺寸比较大，而大多数时候，我们往往只需要素材图片中的某一部分，如果将整个素材图片导入，会浪费计算机的内存空间，影响导入的速度，这时可以通过如下方法操作：

（1）在【导入】对话框中进行相应设置，在【全图像】下拉列表中选择【裁剪】选项，如图 1.2.14 所示。

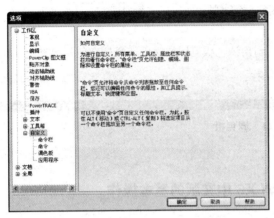

图 1.2.13 【选项】自定义对话框　　　　　图 1.2.14 【导入】对话框

（2）单击【导入】按钮，弹出【裁剪图像】对话框，如图 1.2.15 所示。

（3）在对话框的预览窗口中，通过拖动修剪选取框中的控制点，来直观地控制裁剪的范围。包含在选取框中的图形区域将被保留，其余的部分将裁剪掉。

（4）如果需要精确地修剪，可以在【选择要裁剪的区域】选项组中设置【上】【宽度】【左】【高度】增量框中的数值。

（5）在默认情况下，【选择要裁剪的区域】选项组中的各选项值都是以像素为单位。可以在【单位】下位列表中选择其他计量单位。

（6）如果对修剪后的区域不满意，可以单击【全选】按钮，重新设置修剪选项值；在对话框下面的【新图像大小】栏中显示了修剪后新图像的文件尺寸大小。

（7）设置完成后，单击【确定】按钮，这时鼠标会变成一个标尺，在鼠标右下方会显示图片的相应信息。在绘图页面中拖动鼠标，即可将导入的图像按鼠标拖出的尺寸导入绘图页面，如图 1.2.16 所示。

注意：也可以任意单击页面的任何位置，直接导入。

导入【重新取样】位图，可以更改对象的尺寸大小、解析度及消除缩放对象后产生的锯齿现象等，从而达到控制对象文件大小和显示质量，以适应需要的目的。

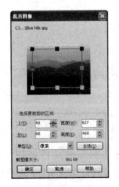

图 1.2.15 【裁剪图像】对话框　　　　　图 1.2.16 导入绘图页面框

具体操作步骤如下：

（1）在【导入】对话框的列选栏中选择【重新取样】。

（2）单击【导入】按钮，弹出【重新取样图像】对话框，如图 1.2.17 所示。在【重新取样图像】对话框中设置宽度、高度和分辨率。

（3）使用图形的导出命令，可选择菜单中的【文件】|【导出】命令或按 Ctrl+E 组合键，如图 1.2.18 所示。

（4）导出设置。导出时选择【文件类型】，如 BMP 文件类型；或【排序类型】，如最近用过的文件。单击【导出】按钮，在【位图】对话框中进行设置，设置完成后，单击【确定】按钮，即可在指定的文件夹内生成导出文件，如图 1.2.19 所示。

图 1.2.17　【重新取样图像】对话框

图 1.2.18　【导出】对话框

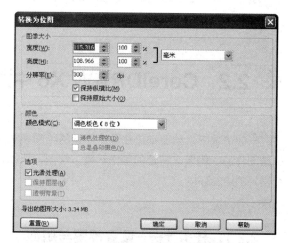

图 1.2.19　【转换为位图】对话框

3. 版面设置

1）页面类型

一般新建文件后，页面大小默认为 A4，但是在实际应用中，要按照印刷的具体情况来设定页面大小及方向。这些都可以在【属性栏】中进行设置，如图 1.2.20 所示。

图 1.2.20　属性栏

2）插入和删除页面

（1）执行【布局】|【插入页】命令，在【插入页面】对话框中设置相应数值或通过单击相应列表框右侧的调整参数选择按钮设置相应数值，如图 1.2.21 所示。

（2）在导航器上单击两个"+"号或右击页面标签进行插页，如图 1.2.22 所示。

（3）单击【页 1】按钮可以切换到第 1 页，单击最后一页的相应按钮可以切换到最后一页。

删除页面可以执行菜单里的【布局】|【删除页面】命令，在弹出的【删除页面】对话框中输入要删除的页码序号。也可以直接右击页面标签，在弹出的快捷菜单中选择【删除页面】命令，如图 1.2.23 所示。

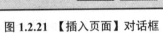

图1.2.21　【插入页面】对话框　　　图1.2.22　进行插页　　　图1.2.23　【删除页面】对话框

注意： 选中【通到页面】复选框后，可删除从【删除页面】到【通到页面】的所有页面。

※ 2.2 CorelDRAW X6 中文版绘图环境设置

一般情况下，绘图都是在系统默认的绘图模式中进行的，但是在某些情况下，一些有特殊要求的绘图作品，需要在特定的工作环境下绘制，所以，在绘图之前必须进行绘图环境设置，以建立一个良好的绘图环境。

2.2.1　任务 1——设置视图与版面

1. 设置视图模式

在图形绘制过程中，为了快速浏览或工作，需要在编辑过程中以适当的方式查看效果。CorelDRAW X6 充分满足了设计的这个要求，提供了多种图像显示方式。

在【视图】菜单中可以选择显示模式为【简单线框】模式、【线框】模式、【草稿】模式、【正常】模式、【增强】模式和【像素】模式，如图1.2.24所示。

对于一幅图片，在不同的视图模式下，视觉效果是不一样的。图1.2.25～图1.2.27所示为一幅图片在【增强】【简单线框】【草稿】三种视图模式下显示的效果。

图1.2.24　【视图】
菜单命令

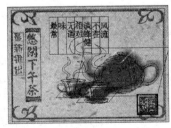

图1.2.25　【增加】模式下的图片　图1.2.26　【简单线框】模式下的图片　图1.2.27　【草稿】模式下的图片

2. 视图管理器

CorelDRAW X6 的【视图管理器】提供了一组完整的调整视图的工具，通过【视图管理器】可以方便地以需要的方式查看绘图。可以通过如下的方法操作：

（1）单击【窗口】按钮，在【窗口】菜单中选择【泊坞窗】命令。

（2）在【泊坞窗】的下一级子菜单中选择【视图管理器】命令，如图 1.2.28 所示。

（3）弹出【视图管理器】对话框，如图 1.2.29 所示，可以利用它来查看视图。

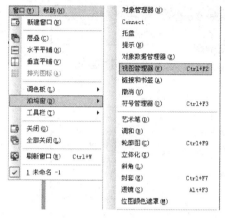

图 1.2.28　【窗口】菜单　　　　　图 1.2.29　【视图管理器】对话框

3. 设置页面大小

设置页面主要是指设置页面的大小、方向、版面，以达到设计的最佳视觉效果，或者达到打印的要求。设置页面大小可以按下面的方法进行操作：

（1）单击【工具】按钮，打开【工具】菜单。

（2）选择【选项】命令，打开【选项】对话框，如图 1.2.30 所示。

（3）图中显示的是默认状态下的页面尺寸，可根据需要在【页面尺寸】属性页面中设置页面大小、方向和分辨率。

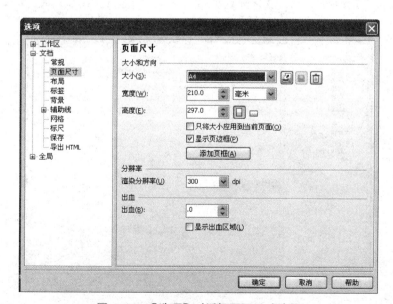

图 1.2.30　【选项】对话框页面尺寸选项

4. 设置版面样式

设置版面样式可以按下面的方法进行操作:

(1) 单击【工具】按钮,打开【工具】菜单。

(2) 选择【选项】命令,打开【选项】对话框。

(3) 打开【文档】选项组,选择【布局】选项,就可出现【布局】属性页面,如图 1.2.31 所示。

(4) 在【布局】属性页面中选择布局样式,布局样式就可以在预览区预览。

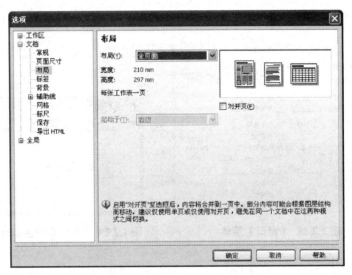

图 1.2.31 【选项】对话框【布局】选项

5. 设置背景

背景设置都是在绘制图形之前进行的,设置背景可以按下面的方法进行操作:

(1) 单击【工具】按钮,打开【工具】菜单。

(2) 选择【选项】命令,打开【选项】对话框。

(3) 打开【文档】选项组,选择【背景】选项,就可出现【背景】属性页面,如图 1.2.32 所示。

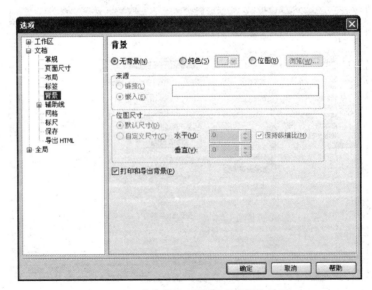

图 1.2.32 【选项】对话框【背景】选项

进入背景属性页面之后，有三种选择方式：无背景、纯色和位图。选中【纯色】单选按钮后可以在其下拉列表中选择一种颜色作为背景。

2.2.2　任务 2——设置页面辅助工具

一般在绘图之前要对页面辅助工具进行设置，如【标尺】【网格】和【辅助线】等。辅助设置可以让设计者更顺手、更方便快速地创作。

在【视图】菜单里可以设置显示、隐藏【标尺】【网格】和【辅助线】等辅助选项，如图 1.2.33 所示。

执行【工具】|【选项】命令，在弹出的【选项】对话框里单击【文档】选项组按钮，分别打开【文档】选项组中的各选项属性页面，对这些辅助选项进行详细设置。

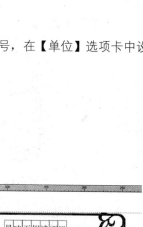

图 1.2.33　【视图】菜单命令

1. 设置标尺

利用标尺可以精确地设置图形的大小、位置。设置标尺可以按照下面的方法进行操作：

（1）单击【工具】按钮，打开【工具】菜单。

（2）选择【选项】命令，打开【选项】对话框。

（3）打开【辅助线】选项组，单击【标尺】按钮，如图 1.2.34 所示。

（4）在【标尺】属性页面【微调】选项卡中设置原点位置、刻度记号，在【单位】选项卡中设置标尺单位。

（5）单击【确定】按钮，出现如图 1.2.35 所示的画面。

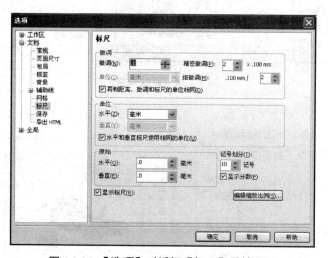

图 1.2.34　【选项】对话框【标尺】属性页面

图 1.2.35　标尺单位

2. 设置网格

利用网格可以很容易对齐对象，如坐标一样精确定位对象位置。设置网格可以按照下面的方法进行操作：

（1）单击【工具】按钮，打开【工具】菜单。

（2）选择【选项】命令，打开【选项】对话框。

（3）打开【辅助线】选项组，单击【网格】按钮，如图 1.2.36 所示。

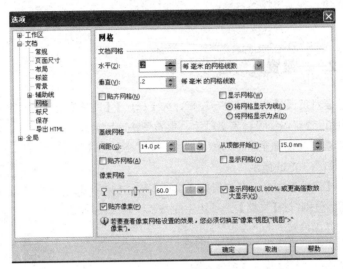

图 1.2.36 【网格】对话框

（4）在【网格】属性页面中设置网格的属性，包括点状网格和网状网格，如图 1.2.37 和图 1.2.38 所示。

（5）单击【确定】按钮。

图 1.2.37 点状网格

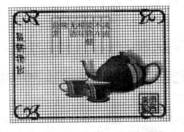

图 1.2.38 网状网格

3. 设置辅助线

辅助线可以帮助我们更加精确地定位对象，辅助线包括水平、垂直和倾斜辅助线。设置辅助线可以按照下面的方法进行操作：

（1）单击水平或垂直标尺，拖动鼠标到合适的位置，松开鼠标，线变成红色。

（2）当选择别的对象后，线即变成蓝色，成为一条辅助线。

（3）要拖动辅助线，可以将鼠标移动到辅助线上，在鼠标变成双箭头时单击，拖动鼠标来移动辅助线的位置。

（4）要创建一条倾斜的辅助线，可以先设置一条水平或垂直的辅助线，然后单击，稍稍等待后再次单击，当出现旋转控制柄时，即可通过旋转控制柄来完成，如图 1.2.39 所示。

注意：辅助线设置还可以通过右击标尺，在弹出的快捷菜单（图 1.2.40）中选择【辅助线设置】命令。

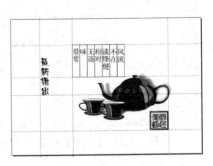

图 1.2.39 【辅助线】

图 1.2.40 辅助线设置

2.2.3　任务 3——创建和应用符号

当一个图形对象需要多次重复出现在绘图作品中时，只需将该对象定义为符号，存入符号库中，待需要时调入绘图页面即可。一次定义之后，可以多次使用，十分方便；还能有效地减小文件尺寸，这就是符号功能。在CorelDRAW X6中，还提供了一个符号管理器，用于加强对符号的管理。

1. 创建和应用符号

在 CorelDRAW X6 中，创建符号的操作非常简单，可以按照下面的方法进行：

（1）绘制好需要定义为符号的图形对象。

（2）执行菜单栏中的【编辑】|【符号】|【符号管理器】命令，打开【符号管理器】泊坞窗。

（3）将绘图页面上的图形对象拖入【符号管理器】泊坞窗中即可，如图 1.2.41 所示。

（4）如果要在其他地方使用，将符号从【符号管理器】泊坞窗中拖回到页面，或选中符号后，单击【插入符号】按钮即可完成符号的插入，如图 1.2.42 所示。

图 1.2.41　【符号管理器】泊坞窗

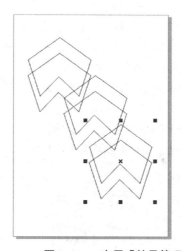

图 1.2.42　应用【符号管理器】泊坞窗

2. 编辑和更改符号

图形对象作为符号存入【符号管理器】泊坞窗中后，还可以根据需要，随时进行编辑、修改并重新保存，绘图作品中已插入的符号也会同步更新。

编辑符号可以按照下面的方法进行操作：

（1）在【符号管理器】泊坞窗中选定需要修改的符号。

（2）执行【编辑】|【符号】|【编辑符号】命令，或单击【符号管理器】泊坞窗中的【编辑符号】按钮，即可返回到工作页面对符号进行编辑、修改。

（3）编辑完毕后，执行【编辑】|【符号】|【完成编辑符号】命令，【符号管理器】泊坞窗中的符号和绘图作品中的符号会立刻自动更新，如图 1.2.43 所示。

（4）对【符号管理器】泊坞窗中不满意的符号，可选定后单击【删除符号】按钮将其删除。

（5）执行【编辑】|【符号】|【还原到对象】命令，可将选定的符号恢复为图形对象，再次对符号进行编辑和修改时，该对象将不再更新，如图 1.2.44 所示。

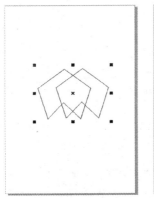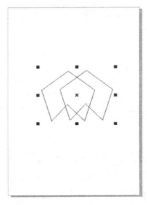

图1.2.43 更新后的【符号管理器】泊坞窗　　　图1.2.44 还原后的【符号管理器】泊坞窗

3. 共享符号

在CorelDRAW X6中，每个绘图作品都有一个自己的符号图库，这个符号图库是图形对象文件.CDR中的一部分，随同图形文件打开和关闭。图库中的这些符号可以通过复制和粘贴的方法，在绘图作品之间进行共享，还可以通过导出或创建新的符号图库的方式，在不同的绘图作品之间、不同的文件夹之间，甚至不同的计算机之间进行共享。

将当前图形文件中的符号复制，通过系统的粘贴板保存，然后再粘贴到新打开的图形文件中，是一种基本的符号共享方式，可以按照下面的方法进行操作：

（1）打开带有符号库的图形文件。

（2）执行菜单栏中的【编辑】|【符号】|【符号管理器】命令，打开【符号管理器】泊坞窗。右击需要共享的符号，在其快捷菜单中选择【复制】命令，如图1.2.45所示。

（3）打开需要符号的目标图像文件，执行【编辑】|【粘贴】命令，即可将共享的符号添加到目标图形文件的【符号管理器】泊坞窗中，如图1.2.46所示。

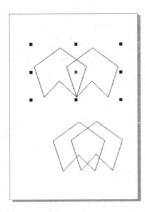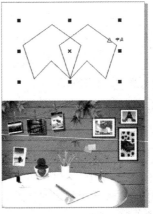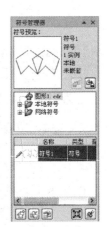

图1.2.45 复制符号　　　　　　　　　　图1.2.46 粘贴符号

4. 符号图库

为了便于进行本地符号的共享，CorelDRAW X6还在符号管理器中增设了本地符号管理目录。用户可以在该目录下建立自己的符号图库，该图库中的符号可以应用到自己所有的图形作品中。

建立常用符号图库的方法是，将当前图形文件符号库中的符号导出，然后导入常用符号图库中即可，可以按照下面的方法进行操作：

（1）在【符号管理器】泊坞窗中选择当前文件中需要导出的符号。

（2）单击泊坞窗中的【导出库】按钮，即可以弹出【导出库】对话框，如图 1.2.47 所示。

（3）输入保存符号文件的名称后，单击【保存】按钮，即可在【符号管理器】泊坞窗中看到导入【用户符号】图库中的符号，如图 1.2.48 所示。

图 1.2.47　【导出库】对话框　　　　　　图 1.2.48　【符号管理器】泊坞窗

5. 创建新符号图库

如果想将自己创建的符号在网络中或计算机之间共享，则可利用导出库功能创建一个新的符号图库，以便于传输。可以按照下面的方法进行操作：

（1）在【符号管理器】泊坞窗中，选择当前文件中需要导出的符号。

（2）执行【文件】｜【保存】命令或单击泊坞窗中的【导出库】按钮，在弹出的【保存图形】对话框中选择保存新符号图库的路径及文件名。

（3）在【保存类型】下拉列表框中，选择保存的文件类型为【符号库】，单击【保存】按钮即可。将一个符号图库添加到当前的图库中，必须先在【符号管理器】泊坞窗中选择要添加符号的图库，如【网络符号】。

（4）单击泊坞窗中的【添加库】按钮，在弹出的对话框中选择【符号库】的路径，如图 1.2.49 所示。

注意： 如果选择【复制到本地符号库】复选框，则会将符号库添加到【常用符号】图库中去。

（5）单击【确定】按钮后，即可在【符号管理器】泊坞窗的【网络符号】图库中看到添加的符号图库，如图 1.2.50 所示。

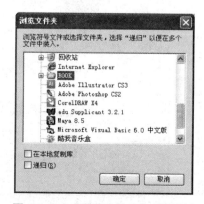

图 1.2.49　【浏览文件夹】对话框　　　图 1.2.50　添加的【符号管理器】泊坞窗

※ 2.3 CorelDRAW X6 中位图的色彩效果处理

执行 CorelDRAW X6【效果】菜单中的【调整】【变换】及【校正】命令,通过调整其平衡性、色调、亮度、对比度、强度、色相、饱和度和伽马值等颜色特性,可以方便地调整位图图形的色彩效果。

2.3.1 任务 1——调整位图色彩效果

通过调整功能,可以创建或恢复位图图像由于曝光过度或感光不足而呈现的部分细节,可以丰富位图图形的色彩效果。调整位图色彩效果可以按下面的方法进行操作:

（1）选中需要调整的图形对象。

（2）执行菜单栏中的【效果】|【调整】命令,如图 1.2.51 所示。

（3）选择需要调整的功能选项,即可在相应的对话框中调整位图效果。

（4）选择菜单栏中的【效果】|【调整】|【高反差】命令,弹出【高反差】对话框,如图 1.2.52 所示。

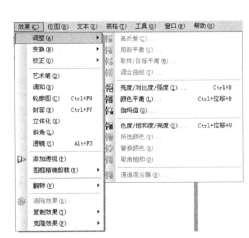

图 1.2.51 【调整】功能子菜单

（5）单击对话框顶部的【显示预览窗口】按钮或【隐藏预览窗口】按钮,可以显示或隐藏对话框中的预览窗口。单击【预览】按钮,即可在预览窗口中看到调整后的效果,如图 1.2.53 所示。

（6）单击【确定】按钮,完成调整位图色彩效果。

图 1.2.52 【高反差】对话框

图 1.2.53 预览窗口

2.3.2　任务二——变换位图色彩效果

通过变换功能，能使选定对象的颜色和色调变换出一些特殊的效果。可以按下面的方法进行操作：

（1）选择菜单栏中的【效果】|【变换】|【极色化】命令，如图 1.2.54 所示。

（2）弹出【极色化】对话框，可以在对话框中调整图像视觉效果，如图 1.2.55 所示。

（3）单击【确定】按钮，完成变换【极色化】效果。

图 1.2.54 【变换】功能子菜单　　　　　图 1.2.55 【极色化】对话框

2.3.3　任务 3——校正位图色斑效果

通过校正功能，能够修正和减少图像中的色斑，减轻锐化图像中的瑕疵。可以按下面的方法进行操作：

（1）选择菜单栏中的【效果】|【校正】|【尘埃与刮痕】命令，弹出【尘埃与刮痕】对话框，可通过更改图像中相异的像素来减少杂色，如图 1.2.56 所示。

（2）单击【确定】按钮，完成校正【尘埃与刮痕】效果。

图 1.2.56 【尘埃与刮痕】对话框

2.3.4　任务 4——位图的色彩遮罩和色彩模式

使用位图颜色遮罩和色彩模式可以方便地调整位图的颜色及根据需要屏蔽掉位图中的某种颜色，也可以将位图转换为需要的色彩模式。

1．使用位图颜色遮罩

位图颜色遮罩可以用来显示和隐藏位图中某种特定的颜色或者与该颜色相近的颜色。可以按下面的方法进行操作：

（1）在绘图页面中导入位图图形，并使它保持被选中状态。

（2）选择菜单栏中的【位图】|【位图颜色遮罩】命令，弹出【位图颜色遮罩】泊坞窗，如图 1.2.57 所示。

（3）选中泊坞窗口顶部的【隐藏颜色】或【显示颜色】单选按钮。

（4）单击颜色列表框中的 10 个颜色条中的一个并激活。

（5）单击列选框下的【颜色选择】按钮，并调节【容限】滑块，设置容差值，取值范围为 0~100。容差值为 0 时，才能准确取色。容差值越大，选取的颜色范围越大，近似色就越多。

（6）将已变成吸管形状的光标移动到位图中想要隐藏或显示的颜色处，单击即可将该颜色选取（重复以上步骤可以选择多种颜色），如图 1.2.58 所示。

（7）单击【应用】按钮，即完成操作，如图 1.2.59 所示。

图 1.2.57 【位图颜色遮罩】泊坞窗

图 1.2.58 隐藏颜色

图 1.2.59 位图效果

2. 位图的色彩模式

CorelDRAW X6 可以在各种色彩模式之间转换位图图像，从而根据不同的应用，采用不同的方式对位图的颜色进行分类和显示，以及控制位图的外观质量和文件大小。选择【位图】|【模式】命令下的子菜单，再选择位图的色彩模式，如图 1.2.60 所示。

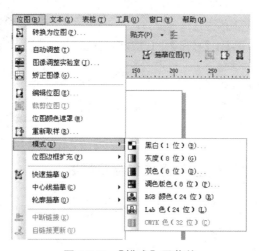

图 1.2.60 【模式】子菜单

1）黑白（1 位）

黑白模式是颜色结构中最简单的位图色彩模式，由于只使用 1 位（1 bit）来显示颜色，所以只有黑白两色。

黑白颜色模式是一种最原始的颜色模式，要产生这种颜色模式，可以按下面的方法进行操作：

（1）使用【导入】命令，导入一幅位图，并选中它。

（2）选择菜单栏中的【位图】|【模式】|【黑白（1 位）】命令，弹出【转换为 1 位】对话框。在对话框中设置转换格式，如图 1.2.61 所示。

（3）单击【确定】按钮，显示转换成【黑白（1 位）】模式后的效果。

2）灰度（8 位）

将选定的位图转换成灰度（8 位）模式，可以产生一种类似于黑白照片的效果。可以按下面的方法进行操作：

（1）使用【导入】命令，导入一幅位图，并选中它。

（2）选择菜单栏中的【位图】|【模式】|【灰度 8 位】命令。

（3）转换成【灰度 8 位】模式，效果如图 1.2.62 所示。

图 1.2.61　【转换为 1 位】对话框

图 1.2.62　转换成【灰度 8 位】模式的效果

注意：把彩色位图模式转换成其他模式时，必须首先转换成灰度模式。

3）双色（8 位）

在【双色调】对话框中不仅可以设置单色调模式，还可以在【类型】下拉列表框中选择双色调、三色调及全色调模式，可以按下面的方法进行操作：

（1）使用【导入】命令，导入一幅位图，并选中它。

（2）选择菜单栏中的【位图】|【模式】|【双色 8 位】命令，弹出【双色调】对话框，如图 1.2.63 所示。

（3）单击【确定】按钮，显示转换成【双色 8 位】模式的效果。

4）调色板（8 位）

通过这种色彩转换模式，可以设定转换颜色的调色板，从而得到颜色阶数的位图，可以按下面的方法进行操作：

（1）使用【导入】命令，导入一幅位图，并选中它。

（2）选择菜单栏中的【位图】|【模式】|【调色板 8 位】命令，弹出【转换至调色板色】对话框，如图 1.2.64 所示。

（3）单击【确定】按钮，显示转换成【调色板 8 位】模式的效果。

5）RGB 颜色（24 位）

（1）使用【导入】命令，导入一幅位图，并选中它。

（2）选择菜单栏中的【位图】|【模式】|【RGB 颜色 24 位】命令。

（3）转换成【RGB 颜色 24 位】模式的效果。

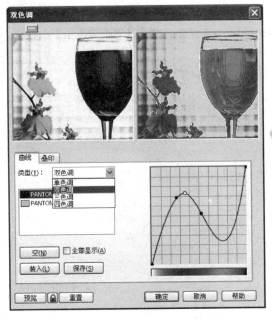

图 1.2.63 【双色调】对话框

图 1.2.64 【转换至调色板色】对话框

6）Lab 颜色（24 位）

Lab 颜色是基于人眼认识颜色的理论而建立的一种与设备无关的颜色模型。L、a、b 3 个分量分别代表照度、从绿到红的颜色范围及从蓝到黄的颜色范围。可以按下面的方法进行操作：

（1）使用【导入】命令，导入一幅位图，并选中它。

（2）选择菜单栏中的【位图】|【模式】|【Lab 颜色 24 位】命令。

（3）转换成【Lab 颜色 24 位】模式的效果。

7）CMYK 颜色（32 位）

CMYK 颜色是为印刷工业开发的一种颜色模式，它的 4 种颜色分别代表了印刷中常用的油墨颜色（Cyan：青、Magenta：品红、Yellow：黄、Black：黑），将 4 种颜色按照一定的比例混合，就能得到范围很广的颜色。由于 CMYK 颜色比 RGB 颜色的范围要小，故将 RGB 位图转换为 CMYK 位图时，会出现颜色损失的现象。调整至此种颜色模式，可以按下面的方法进行操作：

（1）使用【导入】命令，导入一幅位图，并选中它。

（2）选择菜单栏中的【位图】|【模式】|【CMYK 颜色 32 位】命令。

（3）转换成【CMYK 颜色 32 位】模式的效果。

※ 2.4 CorelDRAW X6 中文版功能应用实例

（1）启动 CorelDRAW X6 软件。

（2）选择【文件】|【打开】命令，弹出【打开绘图】对话框，选择【动物 .cdr】文件，单击【打开】按钮，如图 1.2.65 所示。

（3）在导航器中页面标签处单击【页面 2】，显示羊图片，如图 1.2.66 所示。

图 1.2.65　打开"动物 .cdr"文件

图 1.2.66　页面 2 显示效果

（4）在导航器中页面标签处单击【页面 3】，显示马图片，如图 1.2.67 所示。

（5）在导航器中页面标签处单击【页面 4】，显示熊猫图片，如图 1.2.68 所示。

图 1.2.67　页面 3 显示效果

图 1.2.68　页面 4 显示效果

思考与练习

1. 思考题

（1）图形创意思维的内容有哪些？

（2）矢量绘图软件和位图处理软件处理图像的区别是什么？

（3）如何设置自定义界面？

2. 练习题

（1）通过观察动物图形的设计和制作过程，了解 CorelDRAW X6 中文版软件基本操作。

（2）收集图形创意的资料，分别说明它们的构图、造型和特征规律。

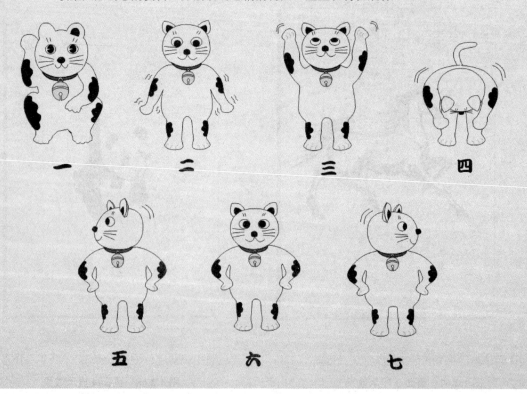

情境教学 3
对象的管理和编辑

学习目标

1. 了解管理和编辑功能；
2. 掌握对象的选择操作；
3. 理解变换应用；
4. 学会应用实例；
5. 懂得对齐与分布绘图。

※ 3.1　对象的选择

在使用 CorelDRAW X6 绘制和编辑图形的过程中，首先要选取对象。在绘制一个图像后，此对象即处于被选中状态，对象中心会有一个【×】标记，对象四周有 8 个控制点。

3.1.1 任务 1——挑选工具的使用

在工具箱中选中【挑选工具】，按 Tab 键，就会选中在 CorelDRAW X6 中最后绘制的图形。继续按 Tab 键，则 CorelDRAW X6 会按绘制顺序从最后绘制的图形开始选取对象。

1. 选取单个对象

单击工具箱中的【挑选工具】按钮，用鼠标单击要选取的对象，对象即被选取，如图 1.3.1 所示。

注意： 空格键是【挑选工具】的快捷键，利用空格键可以快速切换到【挑选工具】，再按一下，则切换回原来使用的工具。

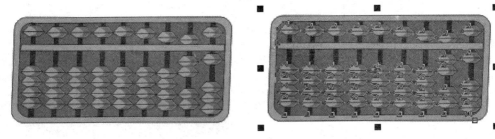

图 1.3.1　选取单个对象

2. 选取多个对象

先选中一个对象，然后按下 Shift 键不放，再选择要加选的其他对象，即可选取多个图形对象，如图 1.3.2 所示。

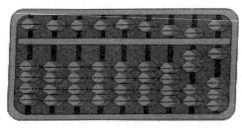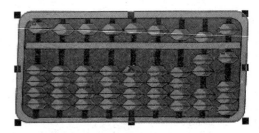

图 1.3.2　选取多个对象

3. 安排对象的顺序

1）【到图层前面】命令

选择【排列】|【顺序】|【到图层前面】命令，完成对象的操作，可以将其切换到最前面，如图 1.3.3 所示。

图 1.3.3   移动选定图形对象【到图层前面】

2）【到图层后面】命令

选择【排列】｜【顺序】｜【到图层后面】命令，完成对象的操作，可以将其切换到最后面，如图 1.3.4 所示。

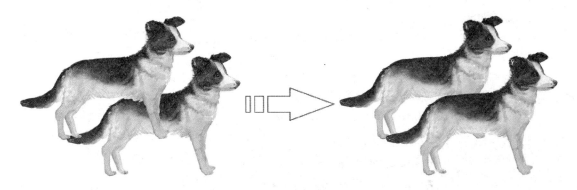

图 1.3.4   移动选定图形对象【到图层后面】

4. 选取重叠对象

选择重叠对象后面的图像时，往往不好运用，总会选到前面一层，而按下 Alt 键在重叠处单击，则可以选择被覆盖的图形；再次单击，则可以选择更下层的图形，依此类推，如图 1.3.5 所示。

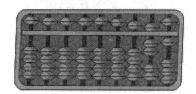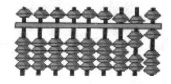

图 1.3.5   选取重叠对象

3.1.2   任务 2——对象的变换

1. 倾斜对象

倾斜对象的操作步骤与旋转对象的步骤基本相同。一般情况下，用鼠标进行对象的倾斜，可以按下面的方法进行操作：

（1）双击要倾斜的对象，进入【倾斜】编辑模式，此时对象四边将出现倾斜柄。

（2）用鼠标拖动垂直倾斜柄，对象将上下倾斜；拖动水平倾斜柄，对象将左右倾斜，如图 1.3.6 所示。

图 1.3.6 倾斜处理图形对象

注意：在倾斜对象时，按住 Alt 键可以同时在水平和垂直方向倾斜对象。倾斜对象可以通过两种方法来实现：一是用鼠标粗略地倾斜对象，二是用倾斜卷帘窗精确地倾斜对象。

2. 旋转对象

在 CorelDRAW X6 中旋转对象非常方便，通过鼠标只能比较粗略地旋转对象，可以按下面的方法进行操作：

（1）单击工具箱中的【挑选工具】按钮，双击需要旋转处理的对象，进入【旋转】编辑模式，此时对象四周将出现旋转控制柄。

（2）将鼠标移动到旋转控制箭头上，沿着控制箭头的方向拖动控制点。在拖动的过程中，会出现蓝色的轮廓线框，指示需要旋转的角度。

（3）旋转到合适的角度时，释放鼠标即可完成对象的旋转，如图 1.3.7 所示。

图 1.3.7 旋转处理中与旋转处理后的效果

注意：对象是围绕着旋转轴心来旋转的，旋转轴心不同，旋转的结果也不同。

在多数情况下要精确地旋转对象，可以通过卷帘窗来实现，可以按下面的方法进行操作：

（1）单击属性栏上的【旋转角度】按钮。

（2）在文本框中输入要旋转的角度。

（3）按 Enter 键，即可完成对象的旋转。

注意：在旋转对象过程中，按住 Ctrl 键，对象旋转角度增量限为 15°。旋转对象也可以通过两种方法来实现：一种是通过鼠标粗略地旋转对象，另一种是通过卷帘窗精确地旋转对象。

3. 镜像对象

镜像对象可以产生让人意想不到的效果，在艺术创作中某些时候显得尤其重要。

1）用鼠标镜像对象

将对象在水平或垂直方向上进行翻转就是镜像对象。在 CorelDRAW X6 中，所有的对象都可以做镜像处理。无论是在水平、垂直还是对角方向，都可以利用鼠标非常方便地镜像对象。可以按下面的方法进行操作：

（1）绘制或者打开一个图像。

（2）选择要镜像的对象并加以复制。

（3）按住 Ctrl 键，拖动控制手柄到相对的一侧。

（4）先松开鼠标，然后再松开 Ctrl 键，如图 1.3.8 所示。

注意：如果拖动边角控制手柄，则可以沿对角线镜像对象。

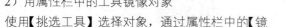

图 1.3.8　用鼠标镜像前与后的效果

2）用属性栏中的工具镜像对象

使用【挑选工具】选择对象，通过属性栏中的【镜像】按钮来完成对象的镜像处理，可以按下面的方法进行操作：

（1）选中图形并加以复制。

（2）单击属性栏上的【水平镜像】按钮，完成水平镜像操作，如图 1.3.9 所示。

（3）选中图形并加以复制。

（4）单击属性栏上的【垂直镜像】按钮，完成垂直镜像操作，如图 1.3.10 所示。

图 1.3.9　水平镜像效果　　　　　图 1.3.10　垂直镜像效果

4. 缩放对象

在绘制图形时，进行缩放操作可以方便观察图形，图形的缩放可以按下面的方法进行操作：

（1）选中缩放对象。

（2）使用工具箱中的【缩放工具】，单击为放大，右击为缩小，完成对象的缩放操作的效果如图 1.3.11 所示。

图 1.3.11　对象的缩放效果

3.1.3　任务3——对象的复制

1. 对象的再制

对象的再制相当于对象复制与粘贴的结合，方便图形的创建，可以按下面的方法进行操作：

（1）单击工具箱中【挑选工具】按钮，选中对象。

（2）选择【编辑】|【再制】命令，完成对象的再制操作，效果如图 1.3.12 所示。

图 1.3.12　对象的再制效果

2. 复制对象属性

在绘制图形时，若要重复使用图形调好的颜色，可以更加便捷地利用复制属性将一个图形的属性复制到另一个图形上，可以按下面的方法进行操作：

（1）单击工具箱中的【挑选工具】按钮，选中复制属性的对象。

（2）选择【编辑】|【复制属性】命令，即可弹出【复制属性】对话框，如图 1.3.13 所示。

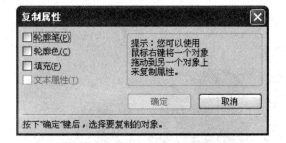

图 1.3.13　【复制属性】对话框

对话框包括 4 个复选框，分别如下：

●轮廓笔：控制复制图形的轮廓属性。

●轮廓色：控制复制图形的轮廓色属性。

●填充：控制复制图形的填充属性。

●文本属性：针对文本，控制文本的属性。

3.1.4　任务4——对象的控制

1. 锁定与解除锁定对象

1）锁定

有时为了保证对象不被破坏，并且固定在某个位置不被移动，可以采用锁定对象的方法来实现。锁定对象可以按下面的方法进行操作：

（1）选择一个或多个对象。

（2）选择【排列】|【锁定对象】命令，如图 1.3.14 所示。

（3）锁定对象完成，被锁定对象将不能再移动。

2）解除锁定

解除对象锁定可以按下面的方法进行操作：

（1）选择被锁定对象。

（2）选择【排列】｜【解除对象锁定】命令，如图 1.3.15 所示。

（3）解除对象锁定后，对象可以进行编辑，如图 1.3.16 所示。

图 1.3.14　【锁定对象】命令

图 1.3.15　【解除对象锁定】命令

图 1.3.16　锁定对象与解除对象锁定

2．群组与取消群组对象

1）群组

群组就是把对象捆绑在一起形成一个整体，对象群组后，群组中的每一个对象都保持原有属性，不会改变对象之间的位置、排列顺序等关系，这对一些比较复杂的图形进行编辑非常重要。群组对象可以按下面的方法进行操作：

（1）在页面中选择群组的对象。

（2）选择【排列】｜【群组】命令，如图 1.3.17 所示；或按 Ctrl+G 快捷键，或单击属性栏中的【群组】按钮，即可群组选定的对象。

图 1.3.17　【群组】命令

（3）群组后的对象为一个整体，要移动或填充群组中的某个对象时，群组中的其他对象也将被移动或填充，如图 1.3.18 所示。

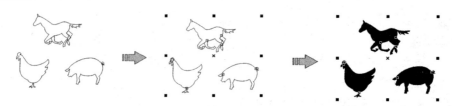

图 1.3.18 群组对象后的操作

注意：群组后的对象作为一个整体还可以与其他的对象再次群组。

2）取消群组

取消群组对象是将群组对象进行拆分，成为独立对象，该命令必须在对象被群组后才能应用。取消群组可以按下面的方法进行操作：

（1）在页面中选择需要取消群组的对象。

（2）选择【排列】|【取消群组】命令；或按Ctrl+U快捷键，或单击属性栏中的【取消群组】按钮，可完成选定对象的取消群组操作。

3. 结合与打散对象

1）结合

结合是将两个以上不同的对象合并在一起，完全变为一个新的对象。若原始对象有重叠的地方，重叠的地方将被移除。对象结合后，原有属性将随最后一个选取对象的属性而改变。结合可以按下面的方法进行操作：

（1）单击工具箱中【挑选工具】按钮，选中需要结合的图形。

（2）选择【排列】|【结合】命令，图形将会随最后一个选取对象的属性结合在一起，如图1.3.19所示。

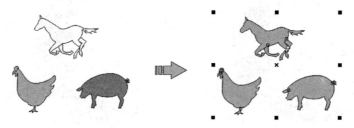

图 1.3.19 结合后的对象效果

2）打散

对于结合后的对象，可以通过【打散】命令来取消对象的结合。打散可以按下面的方法进行操作：

（1）选中被结合的对象。

（2）选择【排列】|【打散】命令；或按 Ctrl+K 组合键，或单击属性栏中的【打散】按钮，即可将被结合的对象变为多个独立的对象。

（3）拖动其中的任意一个对象，即可看到被结合的对象已经分开，如图 1.3.20 所示。

图 1.3.20 打散后的对象效果

4. 修整对象

使用 CorelDRAW X6 提供的修整功能可以更加方便灵活地将简单图形组合成复杂图形或快速地创建曲线图形。在修整功能命令组中，包含【焊接】【修剪】【相交】【简化】【移除后面对象】和【移除前面对象】6 种功能。

在选中多个对象后，【多个对象】属性栏中便会出现【焊接】【修剪】【相交】【简化】【移除后面对象】和【移除前面对象】6 个修整工具按钮，如图 1.3.21 所示。

图 1.3.21 【多个对象】属性栏

选择【排列】|【造形】命令，即可打开包含了 6 个修整工具的【造形】泊坞窗。在泊坞窗中，选中【来源对象】复选框，可在操作后保留源对象；选定【目标对象】复选框，可在操作后保留目标对象。

1）焊接对象

使用【焊接工具】可以将几个图形对象进行焊接合并，结合成一个新图形。焊接可以按下面的方法进行操作：

（1）单击工具箱中的【挑选工具】按钮，选中需要焊接的多个图形对象，确定目标对象。

（2）选取时，在最底层的对象就是目标对象，多选时，最后选中的对象就是目标对象。

（3）单击属性栏中的【焊接】按钮，即可完成对多个对象的焊接操作，如图 1.3.22 所示。

（4）也可以利用泊坞窗进行焊接，在【造形】泊坞窗的下拉列表框中，选定【焊接】功能选项后单击【焊接到】按钮，然后单击目标对象，即可完成焊接。

注意：在焊接过程中，若要保留目标对象或其他对象，可选中卷帘窗中的相应复选框。

2）修剪对象

修剪是剪去来源对象重叠在目标对象上的部分而创建的一个新对象。新对象的属性与目标对象一致。修剪对象可以按下面的方法进行操作：

（1）选择【窗口】|【泊坞窗】|【造形】命令。

（2）单击工具箱中【挑选工具】按钮，选中需要修剪图形中的一个对象。

（3）在【造形】泊坞窗的下拉列表框中，选择【修剪】选项，单击【修剪】按钮。

（4）单击图形中的另一个目标对象，完成修剪操作，如图 1.3.23 所示。

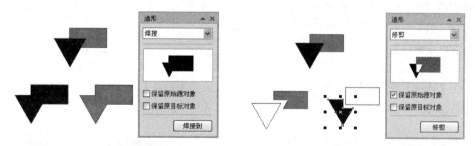

图 1.3.22 使用焊接功能后的效果   图 1.3.23 使用修剪功能后的效果

注意：在修剪过程中，若要保留目标对象或其他对象，可选中泊坞窗中的相应复选框。

3）相交对象

相交是指选取两个或两个以上对象的重叠部分产生的一个新对象，是一种最基本的组合方式。对象相交后，可以选取它们的重叠部分，获得特殊的效果。相交对象可以按下面的方法进行操作：

（1）选择【窗口】｜【泊坞窗】｜【造形】命令。

（2）单击工具箱中的【挑选工具】按钮，选中需要相交的两个图形中的一个。

（3）在【造形】泊坞窗的下拉列表框中，选择【相交】选项，单击【相交】按钮。

（4）单击图形中另一个目标对象，完成相交操作，如图 1.3.24 所示。

注意： 在相交过程中，若要保留目标对象或其他对象，可选中卷帘窗中的相应复选框。

4）简化对象

简化是减去后面图形对象与前面图形对象的重叠部分，并保留前面和后面的图形对象。简化对象可以按下面的方法进行操作：

（1）选择【窗口】｜【泊坞窗】｜【造形】命令。

（2）单击工具箱中的【挑选工具】按钮，选中需要简化的全部图形。

（3）在【造形】泊坞窗的下拉列表框中，选择【简化】选项。

（4）单击【应用】按钮，完成简化操作，如图 1.3.25 所示。

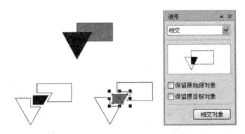 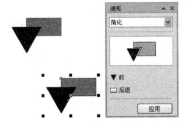

图 1.3.24　使用相交功能后的效果　　　　图 1.3.25　使用简化功能后的效果

5）移除后面对象

移除后面对象是减去后面的图形对象及前、后图形对象的重叠部分，只保留前面图形对象剩下的部分。移除后面对象可以按下面的方法进行操作：

（1）选择【窗口】｜【泊坞窗】｜【造形】命令。

（2）单击工具箱中的【挑选工具】按钮，选中需要移除后面对象的全部图形。

（3）在【造形】泊坞窗的下拉列表框中，选择【移除后面对象】选项。

（4）单击【应用】按钮，完成移除后面对象操作，如图 1.3.26 所示。

6）移除前面对象

移除前面对象是减去前面的图形对象及前、后图形对象的重叠部分，只保留后面图形对象剩下的部分。移除前面对象可以按下面的方法进行操作：

（1）选择【窗口】｜【泊坞窗】｜【造形】命令。

（2）单击工具箱中的【挑选工具】按钮，选中需要移除前面对象的全部图形。

（3）在【造形】泊坞窗的下拉列表框中，选择【移除前面对象】选项。

（4）单击【应用】按钮，完成移除前面对象操作，如图 1.3.27 所示。

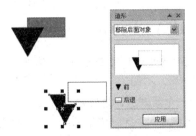 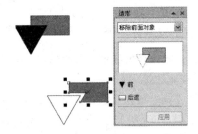

图 1.3.26　使用移除后面对象功能后的效果　　　图 1.3.27　使用移除前面对象功能后的效果

5. 使用闭合曲线功能调整对象

在 CorelDRAW X6 的对象管理中，可以在开放路径线段快速建立闭合曲线，以形成封闭区域，使得对开放路径线段的闭合操作变得更加便捷。

在属性栏中用于快速调整所选对象进行闭合曲线的功能按钮是【闭合曲线】按钮。在绘制图形上单击【闭合曲线】按钮，图形自动闭合，如图 1.3.28 所示。

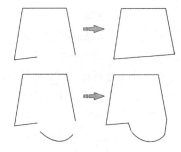

图 1.3.28　图形自动闭合的效果

※ 3.2　对象的变换

3.2.1　任务 1——对齐与分布对象

1. 对齐对象

图形的对齐分为水平对齐和垂直对齐两种。选中多个对象后，选择【排列】|【对齐和分布】|【对齐和分布】命令或单击属性栏中的【对齐和分布】按钮，弹出【对齐与分布】对话框。选择【对齐】选项，在【对齐】属性页面中可以选择对齐的方式，还可以选择【对齐对象到】类型和【用于文本来源对象】类型。

设计图形时，需要达到整齐的视觉效果，对齐对象就是一种常见的手法。可以按下面的方法进行操作：

（1）单击工具箱中【椭圆形工具】按钮和【星形工具】按钮绘制图形，选中对象。

（2）选择【排列】|【对齐和分布】|【对齐和分布】命令，弹出【对齐与分布】对话框，如图 1.3.29 所示。

（3）选择【对齐】选项，在【对齐】属性页面中可以选择对齐的方式。

（4）单击【应用】按钮，即可完成图形的对齐操作，如图 1.3.30 所示。

注意：在选择对象时，如果先选择一个对象，然后再按 Shift 键选择别的对象的方式，则第一个对象为标准对象；若是选取对象，则标准对象为最后被选中的对象。

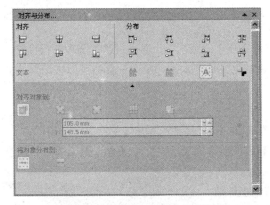

图 1.3.29　【对齐与分布】对话框

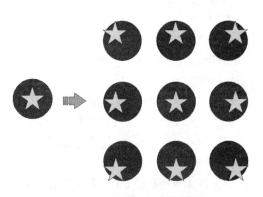

图 1.3.30　图形的对齐操作效果

2．分布对象

图形的分布是指将选中的对象分布到绘图区域或指定范围，必须是两个或两个以上的图形才能应用。选中多个对象后，选择【排列】|【对齐和分布】命令或单击属性栏中的【对齐和分布】按钮，即可弹出【对齐与分布】对话框。选择【分布】选项，在【分布】属性页面中可以选择分布的方式，还可以选择【分布到】的范围。在有些情况下，需要多个对象以间距的形式显示，这样就更需要使用分布对象。分布对象可以按下面的方法进行操作：

（1）在页面中选择要分布的对象。

（2）选择【排列】|【对齐和分布】|【对齐和分布】命令，弹出【对齐与分布】对话框。

（3）选择【分布】选项，在【分布】属性页面中可以选择分布的方式和范围，如图1.3.31所示。

（4）单击【确定】按钮，即可完成图形的分布操作，如图1.3.32所示。

图1.3.31 【对齐与分布】对话框

图1.3.32 间距分布效果

3.2.2 任务2——对象的变换

通过【变换】泊坞窗可以使对象移动、旋转、镜像、缩放及倾斜等操作更加方便、更加精确。

选择【排列】|【变换】命令，在【变换】命令菜单中包含【位置】【旋转】【比例】【大小】和【倾斜】5个功能，选择其中任意一个即可弹出相应的泊坞窗。

【变换】泊坞窗中的变换功能很齐全。在变换操作选项设置完毕后，单击【应用】按钮，即可完成将需要变换的效果应用到对象上；如果单击【应用到再制】按钮，将会得到一个该对象已经产生变换效果的副本。

1．位置

在【变换】泊坞窗中单击【位置】按钮后，泊坞窗将显示设置选项，通过对这些选项进行设置，可以很精确地移动对象，并且还可以分别选择对原始对象或其副本进行操作。具体可以按下面的方法进行操作：

（1）选择要变换位置的对象。

（2）选择【排列】|【变换】|【位置】命令或按Alt+F7快捷键，弹出【变换】泊坞窗。

（3）取消选中【相对位置】复选框，在【位置】选项组中的【水平】和【垂直】文本框中将显示该对象的坐标值。

（4）在【水平】和【垂直】文本框中输入新位置的坐标值。

（5）单击【应用到再制】按钮，即可在设定的新位置上产生一个该对象的副本，如图1.3.33所示。

在【变换】泊坞窗中，如果选中【相对位置】复选框，还可以将对象或其副本沿某一方向移动到原位置指定距离的新位置，如图 1.3.34 所示。

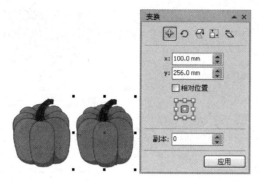

图 1.3.33　移动对象的副本到指定的位置

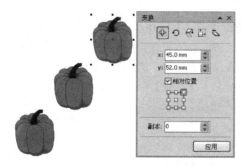

图 1.3.34　设置相对位置后的移动效果

2. 旋转

在【变换】泊坞窗中，单击【旋转】按钮可以设置选定对象的旋转角度、中心和相对中心等。对象的旋转可以按下面的方法进行操作：

（1）选择要旋转的对象。

（2）选择【排列】|【变换】|【旋转】命令或按 Alt+F8 快捷键，弹出【变换】泊坞窗。

（3）取消选中【相对中心】复选框，在【中心】选项组中的【水平】和【垂直】文本框中将显示该对象的坐标值。

（4）在【旋转】文本框中输入角度，单击【应用到再制】按钮，即可产生以该对象为中心进行旋转的副本，如图 1.3.35 所示。

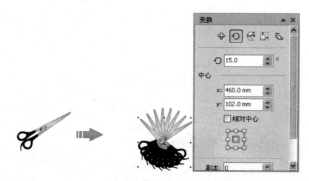

图 1.3.35　以图形为中心旋转后的效果

在【变换】泊坞窗中，如果选中【相对中心】复选框，还可以将对象或其副本沿某一方向进行旋转，如图 1.3.36 所示。

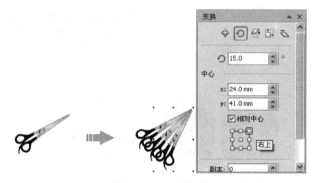

图 1.3.36 以相对中心位置旋转产生的效果

3. 缩放与镜像

在【变换】泊坞窗中，单击【镜像】按钮，可以对对象进行缩放和镜像处理，可以按下面的方法进行操作：

（1）单击工具箱中的【挑选工具】按钮，选中要缩放镜像的对象。

（2）选择【排列】|【变换】|【比例】命令或按 Alt+F9 快捷键，弹出【变换】泊坞窗。

（3）在【缩放】选项组中可以输入对象缩放大小尺寸，在【镜像】选项组中可以选择水平或垂直镜像。

（4）选中【不按比例】复选框，选择需要镜像到的位置。

（5）单击【应用到再制】按钮，即可产生一个按设定的比例和镜像方式变换的该对象的副本，如图 1.3.37 所示。

4. 调整大小

在【变换】泊坞窗中，单击【大小】按钮，可以将对象在水平方向或垂直方向上按尺寸大小比例或非比例进行调整操作。可以按下面的方法进行：

（1）选择要变换尺寸大小的对象。

（2）选择【排列】|【变换】|【大小】命令或按 Alt+F10 快捷键，弹出【变换】泊坞窗。

（3）选中【不按比例】复选框，选择相应位置，在【大小】选项组中输入水平和垂直尺寸大小。

（4）单击【应用到再制】按钮，即可产生设置尺寸大小的该对象的副本，如图 1.3.38 所示。

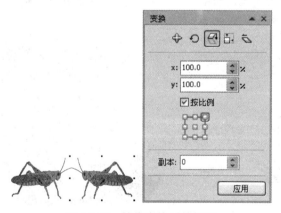

图 1.3.37 镜像变换后的处理

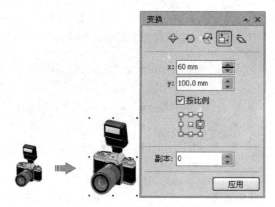

图 1.3.38　尺寸大小按比例变换的效果

5. 倾斜

在【变换】泊坞窗中，单击【倾斜】按钮，可以将对象进行倾斜或生成倾斜面，能获得透视效果，使对象的立体效果更强。可以按下面的方法进行操作：

（1）选择要倾斜的对象。

（2）选择【排列】|【变换】|【倾斜】命令，弹出【变换】泊坞窗。

（3）选中【使用锚点】复选框，选择相应位置，在【倾斜】选项组中输入水平和垂直倾斜度数。

（4）单击【应用到再制】按钮，即可产生按设置好的位置倾斜的该对象的副本，如图 1.3.39 所示。

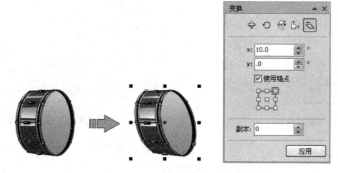

图 1.3.39　使用锚点倾斜的效果

※ 3.3　对象的管理和编辑应用实例

3.3.1　任务 1——制作卡通图片

（1）单击工具箱中的【横向】按钮，将页面设置为横向，新建一个页面。

（2）单击工具箱中的【椭圆形工具】按钮，按 Ctrl 键在页面中绘制一个正圆，在属性栏中设置对象半径为 5mm，如图 1.3.40 所示。

（3）选择【排列】|【变换】|【位置】命令，打开【变换】泊坞窗，选中刚刚绘制的正圆，在【位置】面板下设置相对位置，然后单击【应用到再制】按钮，即可复制一个圆形，如图 1.3.41 所示。

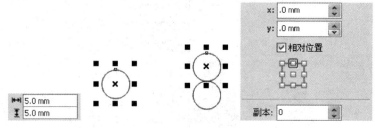

图 1.3.40　绘制正圆　　　　　　　图 1.3.41　复制圆形

（4）切换到【变换】泊坞窗的【缩放和镜像】面板，设置垂直缩放比例为 300%，相对位置为低端中点，单击【应用】按钮完成缩放，形成花瓣，如图 1.3.42 所示。

（5）切换到【变换】泊坞窗的【旋转】面板，选中花瓣，设置旋转角度为 30 度、旋转中心的垂直坐标为正圆的垂直位置。连续单击【应用】按钮 11 次，完成花瓣的复制，形成花朵，如图 1.3.43 所示。

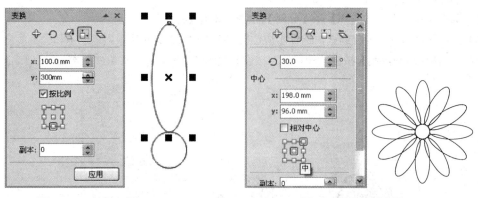

图 1.3.42　缩放正圆　　　　　　　图 1.3.43　复制花瓣

（6）框选所有图形，右击图形，在弹出的快捷菜单中选择【群组】命令，将花朵图形群组。然后在属性栏上的【缩放因素】文本框中将花朵图形缩放为 60%。

（7）利用【变换】泊坞窗的【位置】面板，在水平和垂直方向复制花朵形成边框。最后将所有花朵群组，并按 P 键将边框置于页面中心，如图 1.3.44 所示。

图 1.3.44　完成边框绘制

（8）使用【椭圆形工具】创建若干个椭圆，进行移动、旋转和缩放，组合出兔子头部大致形状，如图 1.3.45 所示。

（9）选择【排列】|【造形】|【造形】命令，打开【造形】泊坞窗，在下拉列表框中选择【修剪】选项，修剪上面较小的两个椭圆，如图 1.3.46 所示。

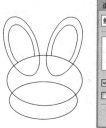

图 1.3.45　创建椭圆　　　　　图 1.3.46　修剪椭圆

（10）选中其余四个椭圆，然后单击属性栏中的【焊接】按钮，形成兔子的头部轮廓，如图 1.3.47 所示。

（11）在页面中绘制几个椭圆，组合出兔子的鼻子和眼睛，移动至头部，完成兔子头部绘制，如图 1.3.48 所示。

图 1.3.47　焊接出头部轮廓　　　图 1.3.48　完成兔子头部绘制

（12）同样，绘制两个椭圆组合出兔子身体的一侧，然后复制出另一侧。单击属性栏中的【焊接】按钮，形成身体的轮廓，如图 1.3.49 所示。

（13）先选择头部轮廓，再按 Shift 键选中身体轮廓，然后单击属性栏中的【修剪】按钮，修剪身体轮廓，完成后的效果如图 1.3.50 所示。

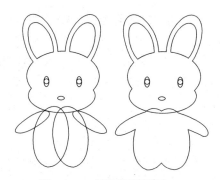

图 1.3.49　焊接腿部图形　　　　图 1.3.50　身体轮廓的完成效果

（14）绘制一个矩形和一个正圆形，矩形宽度和正圆形的半径均为 5mm。选中这两个图形，选择【排列】|【对齐和分布】|【对齐和分布】命令，在弹出的【对齐与分布】对话框中设置对齐选项，如图 1.3.51 所示。

（15）单击【应用】按钮，使矩形和圆形水平居中对齐，然后复制圆形并缩小，焊接大圆和矩形，形成衣服的吊带，如图 1.3.52 所示。

图 1.3.51 【对齐与分布】对话框

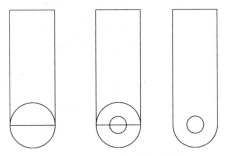

图 1.3.52 绘制衣服的吊带

（16）将吊带移动到相应位置，并复制一个放在另外一侧。然后再绘制两个矩形，移动到相应位置并进行焊接。

（17）选中矩形和身体轮廓，在【造形】泊坞窗的下拉列表框中选择【相交】选项，设置保留原目标对象，单击【相交对象】按钮后在身体轮廓内单击，形成衣服，如图 1.3.53 所示。

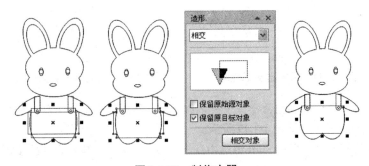

图 1.3.53 制作衣服

（18）使用【椭圆形工具】绘制 3 个圆形，然后将其修剪出花朵形状。单击工具箱中的【贝塞尔工具】按钮，绘制叶茎。

（19）使用【椭圆形工具】创建一个椭圆形并将其转换为曲线，使用【形状工具】调整出叶子形状，然后复制一个并调整位置，完成郁金香的绘制，如图 1.3.54 所示。

图 1.3.54 郁金香绘制过程

（20）选择郁金香图形并复制几朵，然后调整到合适的位置，如图 1.3.55 所示。

（21）分别将绘制好的图形填充相应的颜色，完成后的效果如图 1.3.56 所示。

图 1.3.55   完成制作

图 1.3.56   填充颜色效果

3.3.2   任务 2——绘制房屋

（1）单击工具箱中的【矩形工具】按钮，绘制 1 个矩形并填充黑色，如图 1.3.57 所示。

（2）单击工具箱中的【矩形工具】按钮，绘制 3 个矩形，将中间矩形填充黑色，两边矩形无填充，如图 1.3.58 所示。

图 1.3.57   绘制矩形

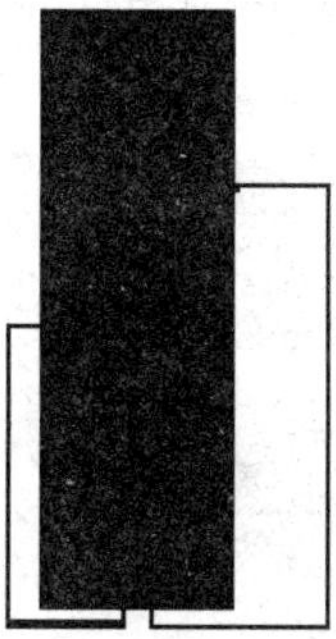

图 1.3.58   绘制 3 个矩形

（3）选中绘制好的三个矩形，单击属性栏中的【移除前面对象】按钮，减去图形，如图 1.3.59 所示。

（4）单击工具箱中的【矩形工具】按钮，绘制 2 个矩形，制作房屋，如图 1.3.60 所示。

（5）单击工具箱中的【矩形工具】按钮和【多边形工具】按钮，在属性栏中设置多边形边数为 3，绘制出小塔图形，如图 1.3.61 所示。

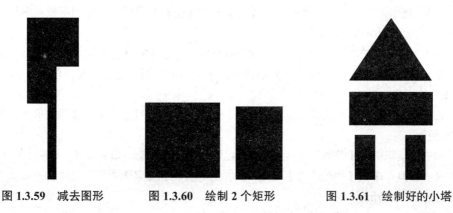

图 1.3.59   减去图形

图 1.3.60   绘制 2 个矩形

图 1.3.61   绘制好的小塔

（6）单击工具箱中的【矩形工具】按钮，绘制 1 个矩形，选择【排列】|【变换】|【位置】命令，在弹出的【变换】泊坞窗中，设置水平参数，如图 1.3.62 所示。连续单击 3 次【应用】按钮，制作一横排矩形，如图 1.3.63 所示。

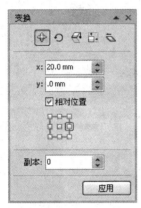

图 1.3.62　弹出【变换】泊坞窗设置水平参数　　　　图 1.3.63　水平再制的矩形

（7）选中这组矩形，设置垂直参数，如图 1.3.64 所示。连续单击 12 次【应用】按钮，制作一横向的矩形组，如图 1.3.65 所示。

（8）用同样的方法绘制竖向的矩形组并进行组合，如图 1.3.66 所示。

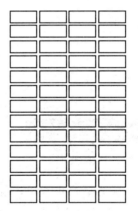
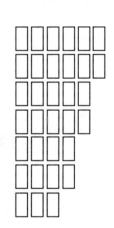

图 1.3.64　弹出【变换】泊坞窗设置垂直参数　　图 1.3.65　垂直再制的矩形　　　图 1.3.66　绘制竖向矩形

（9）单击工具箱中的【矩形工具】按钮，绘制圆角矩形，制作窗户，在属性栏中设置边角圆滑度为 ▨▨▨ ▨▨▨ 。选中图形，选择【排列】|【变换】|【位置】命令，设置水平垂直参数，制作一组圆角窗户，如图 1.3.67 所示。

（10）将以上绘制好的图形组合成房屋，并加以群组，如图 1.3.68 所示。

（11）使用【矩形工具】，绘制一个矩形背景，填充由蓝色到白色的渐变，角度为 90 度，无轮廓，如图 1.3.69 所示。

（12）选中填充的矩形，右击矩形，在弹出的快捷菜单中选择【顺序】|【到页面后面】命令，如图 1.3.70 所示。

（13）单击工具箱中的【椭圆形工具】按钮，绘制太阳，无轮廓，填充红色，如图 1.3.71 所示。

（14）单击工具箱中的【手绘工具】按钮，绘制云彩并填充颜色为白色，选中图形再复制、缩放和旋转，如图 1.3.72 所示。

（15）使用【挑选工具】调整绘制好的图形位置，完成后的效果如图 1.3.73 所示。

图 1.3.67　绘制圆角窗户

图 1.3.68　组合成房屋

图 1.3.69　填充的矩形

图 1.3.70　到页面后面的效果

图 1.3.71　绘制太阳

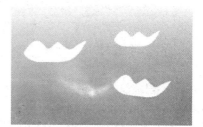

图 1.3.72　绘制云彩

图 1.3.73　最终效果

思考与练习

1．思考题

（1）CorelDRAW X6 中使用【群组】【组合】【打散】命令的区别是什么？

（2）如何在 CorelDRAW X6 中选择对象、旋转对象、倾斜对象和镜像对象？

（3）如何对图形进行对齐与分布？

（4）CorelDRAW X6 提供的 4 种路径闭合方式是什么？

2．练习题

使用 CorelDRAW X6 软件绘制花朵图案。

练习要求：打开【变换】泊坞窗，在旋转面板中设置旋转角度为 30 度，将椭圆形再制出花朵，进行群组；在缩放和镜像面板中设置缩放比例为 80%，进行再制。完成后的效果如图 1.3.74 所示。

图 1.3.74　绘制花朵图案

情境教学 4
基本图形绘制

4

学习目标

1. 了解图形编辑功能；
2. 掌握绘制几何图形操作；
3. 理解交互式展开工具；
4. 学会应用实例；
5. 懂得手绘工具绘图方法。

※ 4.1 图形绘制工具的使用

4.1.1 任务1——绘制几何图形

1. 矩形工具组

【矩形工具组】包括【矩形工具】和【3点矩形工具】。【矩形工具】是一个常用工具，利用它可以绘制正方形、矩形和圆角矩形，绘制好的图形比较容易修改。

1) 矩形工具

使用【矩形工具】，可以绘制出矩形、正方形和圆角矩形，如图1.4.1所示。

图 1.4.1　绘制矩形、正方形和圆角矩形

矩形是最常见的几何图形之一，使用【矩形工具】可以非常方便地绘制矩形。绘制矩形可以按下面的方法进行操作：

（1）单击工具箱中的【矩形工具】按钮，显示【矩形】属性栏，如图1.4.2所示。

（2）在绘制区域单击，沿矩形的对角线拖动鼠标到合适的位置，松开鼠标完成矩形的绘制。

图 1.4.2　【矩形】属性栏

注意：按下Shift键拖动鼠标，即可绘制出以鼠标单击点为中心的矩形；双击【矩形工具】按钮可以绘制出与绘图页面大小的矩形。

绘制一个正方形可以按下面的方法进行操作：

（1）单击工具箱中的【矩形工具】按钮。

（2）在绘制区域单击，同时按住Ctrl键拖动鼠标，拖动鼠标到正方形右下方合适的位置，松开鼠标并释放Ctrl键，完成正方形的绘制。

注意：同时按下Ctrl键和Shift键拖动鼠标，即可绘制出以起始位置为中心的正方形。

绘制圆角矩形可以按下面的方法进行操作：

（1）单击工具箱中的【矩形工具】按钮，绘制一个矩形。

（2）单击工具箱中的【形状工具】按钮，在属性栏中输入四个圆角的参数，按Enter键，矩形将按设置好的参数变得圆滑，完成圆角矩形的绘制。

2）3 点矩形工具

使用【3 点矩形工具】可以绘制出矩形和正方形，如图 1.4.3 所示。

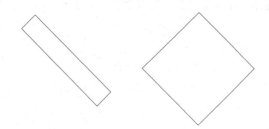

图 1.4.3　矩形和正方形

绘制 3 点矩形可以按下面的方法进行操作：

（1）单击工具箱中的【3 点矩形工具】按钮工具。

（2）在绘制区域单击，拖动鼠标到一定位置，绘制好一条直线，松开鼠标。

（3）再用鼠标向上或向下移动，作为矩形的高度，再次单击，即完成矩形的绘制。

注意：绘制好一条直线，松开鼠标，按住 Ctrl 键拖动鼠标可以绘制出正方形。

2.　椭圆形工具组

【椭圆形工具组】包括【椭圆形工具】和【3 点椭圆形工具】。使用【椭圆形工具】可以绘制出椭圆、正圆、饼形和圆弧，如图 1.4.4 所示。

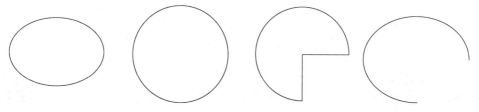

图 1.4.4　椭圆、正圆、饼形和圆弧

1）椭圆形工具

绘制椭圆形可以按下面的方法进行操作：

（1）单击工具箱中的【椭圆形工具】按钮，显示【椭圆形】属性栏，如图 1.4.5 所示。

（2）在绘图区域单击，确定椭圆形的起始位置。

（3）沿对角线方向拖动鼠标到合适位置，松开鼠标，即完成椭圆形绘制。

图 1.4.5　【椭圆形】属性栏

注意：在鼠标拖动过程中按住 Shift 键，即可绘制出以鼠标单击点为中心的椭圆。

绘制正圆可以按下面的方法进行操作：

（1）单击工具箱中的【椭圆形工具】按钮。

（2）在绘制区域单击，同时按住 Ctrl 键，拖动鼠标到正圆右下方理想位置，松开鼠标再释放 Ctrl 键，即完成正圆的绘制。

注意：同时按下 Ctrl 键和 Shift 键，则可以起始位置为中心绘制正圆。

绘制饼形可以按下面的方法进行操作：

（1）单击工具箱中的【椭圆形工具】按钮，绘制一个椭圆。

（2）在属性栏中单击【饼形工具】按钮，在【饼形参数】文本框中设置饼形的起止角度，完成饼形绘制。

绘制弧形可以按下面的方法进行操作：

（1）单击工具箱中的【椭圆形工具】按钮，先绘制一个椭圆。

（2）在属性栏中单击【弧形工具】按钮，在【弧形参数】文本框中设置弧形的起止角度，完成弧形绘制。

2）3点椭圆形工具

【3点椭圆形工具】主要是为精确画图与绘制一些比较精密的图准备的，如机械制图、工程制图等，它们是【椭圆形工具】的延伸工具，能绘制出有倾斜角度的圆形。绘制3点椭圆形可以按下面的方法进行操作：

（1）单击工具箱中的【3点椭圆形工具】按钮。

（2）在绘图区域单击鼠标并拖动，绘制一条直线。

（3）释放鼠标，移动到合适位置，再次单击，完成椭圆形绘制，如图1.4.6所示。

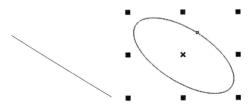

图 1.4.6　3 点椭圆形绘制

3. 多边形工具组

多边形也是日常生活中接触较多的基本图形之一。【多边形工具组】包括【多边形工具】【星形工具】【复杂星形工具】【图纸工具】和【螺纹工具】。

1）多边形工具

绘制多边形可以按下面的方法进行操作：

（1）单击工具箱中的【多边形工具】按钮，显示【多边形】属性栏，如图1.4.7所示。

图 1.4.7　【多边形】属性栏

（2）在属性栏中可以设置多边形的边数，在页面上单击某一点作为起始点，沿一定方向拖动，松开鼠标，即完成多边形的绘制，如图1.4.8所示。

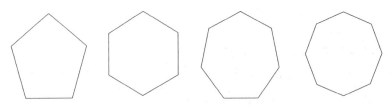

图 1.4.8　多边形绘制

注意：在拖动过程中按住 Shift 键，将以起始位置为中心绘制多边形。同时按住 Shift 键和 Ctrl 键，则以起始位置为中心绘制等边多边形。

2）星形工具

绘制星形可以按下面的方法进行操作：

（1）单击工具箱中的【星形工具】按钮，显示【星形】属性栏，如图 1.4.9 所示。

图 1.4.9　【星形】属性栏

（2）在属性栏中可以设置星形的边数和锐度，在页面上用鼠标单击某一点作为起始点，沿一定方向拖动，松开鼠标，即完成星形的绘制，如图 1.4.10 所示。

图 1.4.10　星形绘制

注意：在拖动鼠标时按住 Ctrl 键，先松开鼠标，再松开 Ctrl 键，将绘制边长相等的星形。

3）复杂星形工具

绘制复杂星形可以按下面的方法进行操作：

（1）单击工具箱中的【复杂星形工具】按钮，显示【复杂星形】属性栏，如图 1.4.11 所示。

图 1.4.11　【复杂星形】属性栏

（2）在属性栏中可以设置复杂星形的边数和锐度，在页面上单击某一点作为起始点，沿一定方向拖动，松开鼠标，即完成复杂星形的绘制，如图 1.4.12 所示。

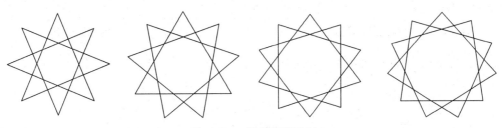

图 1.4.12　复杂星形绘制

4）图纸工具

【图纸工具】主要用于绘制网格，可以按下面的方法进行操作：

（1）单击工具箱中的【图纸工具】按钮，显示【图形纸张和螺旋工具】属性栏，如图 1.4.13 所示。

（2）在属性栏中可以设置图纸的行数和列数，在页面上单击某一点作为起始点，沿一定方向拖动，松开鼠标，即完成图纸的绘制，如图 1.4.14 所示。

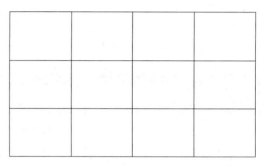

图 1.4.13　【图形纸张和螺旋工具】属性栏　　　　图 1.4.14　绘制网格

注意：按住 Ctrl 键拖动鼠标，可绘制出正方形边界的网格（边界内的网格数则根据设定的纵、横向的网格数值，分别平均划分）。按住 Shift 键并拖动鼠标，可绘制出以鼠标单击点为中心的网格。按住 Ctrl 和 Shift 键后移动鼠标，则可绘制出以鼠标单击点为中心的正方形边界的网格。

5）螺纹工具

螺纹是一种特殊的曲线。利用【螺纹工具】可以绘制两种螺纹：对称式螺纹和对数式螺纹。对称螺纹是指各螺纹之间的距离是常数；对数式螺纹是指螺纹之间的距离是在螺纹不断延伸时逐渐递增的。绘制螺纹可以按下面的方法进行操作：

（1）单击工具箱中的【螺纹工具】按钮，显示【图形纸张和螺旋工具】属性栏，如图 1.4.15 所示。

图 1.4.15　【图纸和螺旋工具】属性栏

（2）在属性栏中可以设置螺纹的圈数，选择对称式螺纹或对数式螺纹，在页面上单击某一点作为起始点，沿一定方向拖动，松开鼠标，即完成对称式螺纹或对数式螺纹的绘制，如图 1.4.16 和图 1.4.17 所示。

图 1.4.16　对称式螺纹绘制　　　　　　　图 1.4.17　对数式螺纹绘制

注意：拖动鼠标时按住 Shift 键，以起始位置为中心绘制螺纹；拖动鼠标时按住 Ctrl 键，则绘制的是同轴螺纹。

4.1.2　任务 2——完美形状展开工具的使用

【完美形状展开工具栏】中包括【基本形状工具】【箭头形状工具】【流程图形状工具】【标题形状工具】和【标注形状工具】。

1. 基本形状工具

绘制基本形状可以按下面的方法进行操作：

（1）单击工具箱中的【基本形状工具】按钮。

（2）单击属性栏中的【完美形状】按钮右下角的黑色小三角，打开【完美形状】列表，如图 1.4.18 所示。

（3）选择其中任意一种图形，在绘图区域单击并拖动，即完成基本形状的绘制，如图 1.4.19 所示。

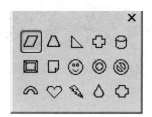

图 1.4.18　基本形状工具列表

图 1.4.19　绘制的基本形状

2. 箭头形状工具

绘制箭头形状可以按下面的方法进行操作：

（1）单击工具箱中的【箭头形状工具】按钮。

（2）单击属性栏中【完美形状】按钮右下角的黑色小三角，打开【完美形状】列表。

（3）选择其中任意一种图形，在绘图区域单击并拖动，即完成箭头形状的绘制，如图 1.4.20 所示。

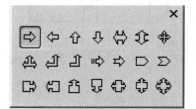
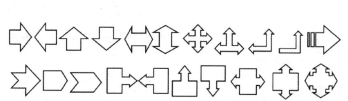

图 1.4.20　箭头形状工具列表及绘制的箭头形状

3. 流程图形状工具

绘制流程图形状可以按下面的方法进行操作：

（1）单击工具箱中的【流程图形状工具】按钮。

（2）单击属性栏中【完美形状】按钮右下角的黑色小三角，打开【完美形状】列表。

（3）选择其中任意一种图形，在绘图区域单击并拖动，即完成流程图形状的绘制，如图 1.4.21 所示。

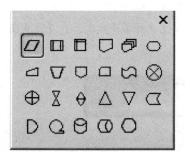
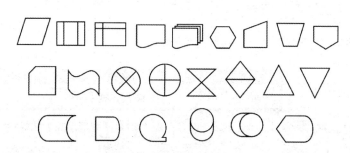

图 1.4.21　流程图形状工具列表和绘制的流程图形

4. 标题形状工具

绘制标题形状可以按下面的方法进行操作：

（1）单击工具箱中的【标题形状工具】按钮。

（2）单击属性栏中【完美形状】按钮右下角的黑色小三角，打开【完美形状】列表。

（3）选择其中任意一种图形，在绘图区域单击并拖动，即完成标题形状的绘制，如图 1.4.22 所示。

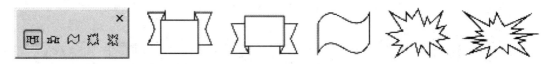

图 1.4.22　标题形状工具列表和绘制的标题形状

5. 标注形状工具

绘制标注形状可以按下面的方法进行操作：

（1）单击工具箱中的【标注形状工具】按钮。

（2）单击属性栏中【完美形状】按钮右下角的黑色小三角，打开【完美形状】列表。

（3）选择其中任意一种图形，在绘图区域单击并拖动，即完成标注形状的绘制，如图 1.4.23 所示。

图 1.4.23　标志形状工具列表及绘制的标表形状

4.1.3　任务 3 ——智能绘图工具的使用

【智能填充工具组】包括【智能填充工具】和【智能绘图工具】。

1. 智能填充工具

【智能填充工具】可以设置填充颜色和轮廓颜色，对图形进行填充。智能填充可以按下面的方法进行操作：

（1）单击工具箱中的【椭圆形工具】按钮，绘制一个椭圆。

（2）单击工具箱中的【智能填充工具】按钮，出现【智能填充】属性栏，如图 1.4.24 所示。在绘图区域，当鼠标指针变为 "+" 形状时，在【填充选项】下拉列表旁边选择填充颜色，在【轮廓选项】下拉列表旁边选择轮廓宽度及颜色。

图 1.4.24　【智能填充】属性栏

（3）选择椭圆，完成智能填充，如图 1.4.25 所示。

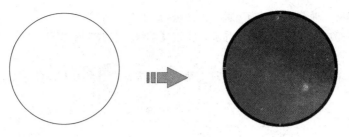

图 1.4.25　智能填充

2. 智能绘图工具

使用【智能绘图工具】可以使绘画变得容易，能最大化地认知和平滑形状，运用灵活。智能绘图可以按下面的方法进行操作：

（1）单击工具箱中的【智能绘图工具】按钮，显示【智能绘图工具】属性栏，如图 1.4.26 所示。

图 1.4.26　【智能绘图工具】属性栏

（2）在绘图区域单击进行绘制，稍等片刻，系统将自动识别所绘制的图形，如图 1.4.27 所示。

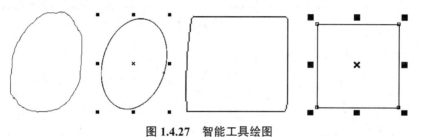

图 1.4.27　智能工具绘图

4.1.4　任务 4——曲线展开工具的使用

【曲线展开工具栏】中包括【手绘工具】【2 点线工具】【贝塞尔工具】【艺术笔工具】【钢笔工具】【B 样条工具】【折线工具】和【3 点曲线工具】。

1. 手绘工具

【手绘工具】实际上是使用鼠标在页面上直接绘制直线或曲线的一种工具。使用【手绘工具】绘制直线十分简单，并且可以观察直线的角度，随时进行调整。可以按下面的方法进行操作：

（1）单击工具箱中的【手绘工具】按钮，出现【曲线】属性栏，如图 1.4.28 所示。

图 1.4.28　【曲线】属性栏

（2）在绘图页面某处单击，作为起始点。

（3）拖动鼠标到结束点并单击，即完成直线的绘制，如图 1.4.29 所示。

使用手绘工具绘制曲线，可以按下面的方法进行操作：

（1）单击工具箱中的【手绘工具】按钮，出现【曲线或连线】属性栏。

（2）在绘图页面某处单击，作为起始点。

（3）按住鼠标不放，拖动至合适位置松开鼠标，即完成曲线的绘制，如图 1.4.30 所示。

图 1.4.29　绘制直线　　　　　　　　　　　　　　图 1.4.30　绘制曲线

2. 2 点线工具

使用【2 点线工具】，能较容易地绘制出各种直线，且能比【手绘工具】更准确地确定方向。可以按下面的方法进行操作：

（1）单击工具箱中的【2 点线工具】按钮，显示【2 点线】属性栏，如图 1.4.31 所示。

图 1.4.31　【2 点线】属性栏

（2）在绘图页面上单击某一点作为起始点。

（3）拖动鼠标到合适位置，松开鼠标并移动，即完成直线的绘制，如图 1.4.32 所示。

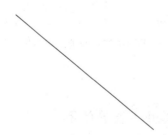

图 1.4.32　2 点直线绘制

3. 贝塞尔工具

使用【贝塞尔工具】可以比较精确地绘制直线和圆滑的曲线，且能通过改变节点的位置来调整曲线的弯曲程度。使用【贝塞尔工具】绘制直线，可以按下面的方法进行操作：

（1）单击工具箱中的【贝塞尔工具】按钮，显示【编辑曲线、多边形和封套】属性栏，如图 1.4.33 所示。

图 1.4.33　【编辑曲线、多边形和封套】属性栏

（2）将光标移至需要绘制的位置单击，作为起点。

（3）移动鼠标到下一个节点，再次单击，两个节点中间绘制成一条直线段，如图 1.4.34 所示。

使用【贝塞尔工具】绘制曲线，可以按下面的方法进行操作：

（1）单击工具箱中的【贝塞尔工具】按钮。

（2）将光标移至需要绘制的位置单击，作为起点。

（3）移动鼠标至下一节点的位置，单击并拖动节点两旁出现的控制柄，两个节点中间将出现一条曲线，如图 1.4.35 所示。

图 1.4.34　使用【贝赛尔工具】绘制直线段　　　图 1.4.35　使用【贝塞尔工具】绘制曲线

4．艺术笔工具

【艺术笔工具】是 CorelDRAW X6 提供的具有固定或可变宽度及形状的特殊画笔工具，利用【艺术笔工具】的五种模式可以创建具有特殊艺术效果的线段或图案。

五种模式具体如下：

● 预设模式：可在该模式下自定义线形。

● 笔刷模式：可在绘制的线形上添加文本或简单图形。

● 喷罐模式：可在绘制的线形上添加喷绘的文本或简单图形。

● 书法模式：根据笔尖的方向产生不同的效果。

● 压力模式：线条的粗细随压力笔压力的变化而变化。

使用【预设模式】绘制曲线，可以按下面的方法进行操作：

（1）单击工具箱中的【艺术笔工具】按钮。

（2）在属性栏中单击【预设】按钮，显示【艺术笔预设】属性栏，如图 1.4.36 所示。

（3）在绘图区域单击，拖动鼠标，即完成绘制，如图 1.4.37 所示。

图 1.4.36　【艺术笔预设】属性栏　　　图 1.4.37　预设模式下绘制的曲线

使用【笔刷模式】绘制曲线，可以按下面的方法进行操作：

（1）单击工具箱中的【艺术笔工具】按钮。

（2）在属性栏中单击【笔刷】按钮，显示【艺术笔刷】属性栏，如图 1.4.38 所示。

图 1.4.38　【艺术笔刷】属性栏

（3）在绘图区域单击，拖动鼠标，即完成绘制，如图1.4.39所示。

图1.4.39 笔刷模式下绘制的曲线

使用【喷灌模式】绘制曲线，可以按下面的方法进行操作：

（1）单击工具箱中的【艺术笔工具】按钮。

（2）在属性栏中单击【喷灌】按钮，显示【艺术笔对象喷涂】属性栏，如图1.4.40所示。

图1.4.40 【艺术笔对象喷涂】属性栏

（3）在绘图区域单击，拖动鼠标，即完成绘制，如图1.4.41所示。

图1.4.41 喷灌模式下绘制的曲线

使用【书法模式】绘制曲线，可以按下面的方法进行操作：

（1）单击工具箱中的【艺术笔工具】按钮。

（2）在属性栏中单击【书法】按钮，显示【艺术笔书法】属性栏，如图1.4.42所示。

图1.4.42 【艺术笔书法】属性栏

（3）在绘图区域单击，拖动鼠标，即完成绘制，如图1.4.43所示。

图1.4.43 书法模式下绘制的曲线

使用【压力模式】绘制曲线，可以按下面的方法进行操作：

（1）单击工具箱中的【艺术笔工具】按钮。

（2）在属性栏中单击【压力】按钮，显示【艺术笔压感笔】属性栏，如图1.4.44所示。

（3）在绘图区域单击，拖动鼠标，即完成绘制，如图1.4.45所示。

图 1.4.44 【艺术笔压感笔】属性栏

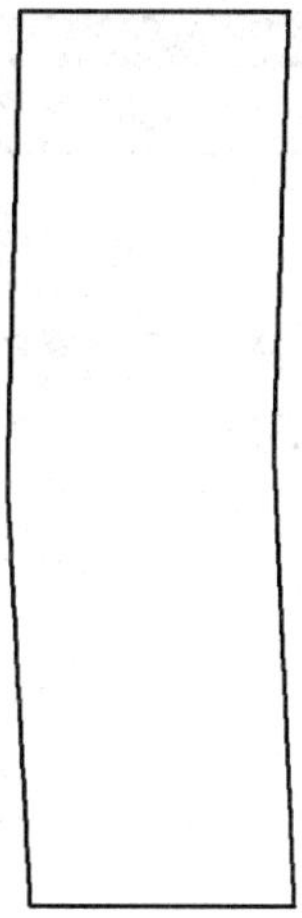

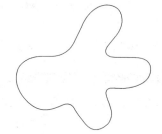

图 1.4.45   压力模式下绘制的曲线

5. 钢笔工具

使用【钢笔工具】绘制直线，可以按下面的方法进行操作：

（1）单击工具箱中的【钢笔工具】按钮，显示【钢笔工具】属性栏，如图 1.4.46 所示。

图 1.4.46 【钢笔工具】属性栏

（2）将光标移至需要绘制的位置并单击，作为起点。

（3）移动鼠标到下一个节点，依次单击，直至将【钢笔工具】的光标移到起始点，在光标的旁边出现一个小圆圈，形成封闭的路径，如图 1.4.47 所示。

使用【钢笔工具】绘制曲线，可以按下面的方法进行操作：

（1）单击工具箱中的【钢笔工具】按钮。

（2）将光标移至需要绘制的位置并单击，作为起点。

（3）移动鼠标至下一节点，拖动手柄生成圆滑曲线，依次单击鼠标绘制曲线路径，如图 1.4.48 所示。

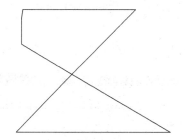

图 1.4.47 使用【钢笔工具】绘制的直线图形

图 1.4.48   使用【钢笔工具】绘制的曲线图形

编辑曲线节点，可以按下面的方法进行操作：

（1）单击工具箱中的【钢笔工具】按钮，在页面中绘制图形。

（2）单击工具箱中的【形状工具】按钮，显示【编辑曲线、多边形和封套】属性栏，如图 1.4.49 所示。

图 1.4.49 【编辑曲线、多边形和封套】属性栏

（3）选择要调整的节点并拖动手柄使其改变形状。图 1.4.50 为"使用转换曲线为直线"和"平滑节点"效果。

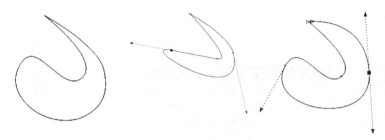

图 1.4.50　编辑节点效果

6. B 样条工具

使用【B 样条工具】，能较容易地绘制出各种曲线，且能比【手绘工具】更准确地确定曲线的弯曲程度及方向。可以按下面的方法进行操作：

（1）单击工具箱中的【B 样条工具】按钮，在绘图页面上单击某一点作为起始点。

（2）拖动鼠标到合适位置，松开鼠标并移动，继续这个过程，即完成曲线的绘制，如图 1.4.51 所示。

图 1.4.51　使用【B 样条工具】绘制的曲线

7. 折线工具

【折线工具】是 CorelDRAW X6 新增的一个工具，可以方便地绘制折线。可以按下面的方法进行操作：

（1）单击工具箱中的【折线工具】按钮，显示【折线工具】属性栏，如图 1.4.52 所示。

图 1.4.52　【折线工具】属性栏

（2）将光标移至需要绘制的位置并单击，作为起点。

（3）移动鼠标，同时观察直线的角度，调节角度直至合适，单击设置节点。

（4）移动鼠标到另一点，再次单击，设置第二个节点。

（5）依次设置第 3 个、第 4 个节点……

（6）双击完成折线的绘制，如图 1.4.53 所示。

图 1.4.53　绘制完成的折线

注意： 在鼠标拖动过程中，按住 Ctrl 键，则下一条线段和上一条线段呈 15 度的夹角。

8. 3 点曲线工具

使用【3 点曲线工具】可以较容易地在直线之间画弧线，可以按下面的方法进行操作：

（1）单击工具箱中的【3 点曲线工具】按钮，显示【3 点曲线工具】属性栏，如图 1.4.54 所示。

图 1.4.54　【3 点曲线工具】属性栏

（2）在属性栏中选择【3 点曲线工具】，在绘图页面上确定两点，画一条直线。

（3）单击鼠标拖动到合适位置，松开鼠标，即完成弧线绘制，如图 1.4.55 所示。

图 1.4.55　使用【3 点曲线工具】绘制的弧线

※　4.2　基本图形编辑

4.2.1　任务 1——形状编辑展开工具的使用

【形状编辑展开工具】包括【形状工具】【涂抹笔刷工具】【粗糙笔刷工具】和【自由变换工具】。

1. 形状工具

1）选取节点

在对图形的节点编辑之前，必须先将其选取，可以利用【形状工具】选取，也可利用【挑选工具】和其他绘图工具进行选取。选择节点可以按下面的方法进行操作：

（1）单击工具箱中的【形状工具】按钮。

（2）单击要选定的节点，即完成选取节点，如图 1.4.56 所示。

若需要选定多个节点，可以按下面的方法进行操作：

（1）单击工具箱中的【形状工具】按钮。

（2）同时按住 Shift 键和 Ctrl 键，然后单击曲线对象上的任意一个节点，即可选取所有节点进行编辑，如图 1.4.57 所示。

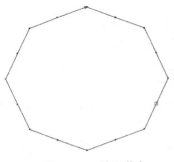

图 1.4.56　选取节点

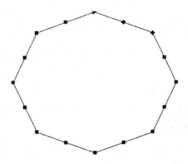

图 1.4.57　选取所有节点

2）添加节点

利用【形状工具】可添加节点，以达到图形所需效果。添加节点可以按下面的方法进行操作：

（1）单击工具箱中的【形状工具】按钮。

（2）在要添加节点的位置双击，或单击属性栏中的【添加节点】按钮，即可完成添加节点，如图 1.4.58 所示。

3）删除节点

要压缩图形大小、缩短打印时间或者使曲线对象更光滑时，可以在不影响绘图效果的情况下删除多余节点。删除节点可以按下面的方法进行操作：

（1）单击工具箱中的【形状工具】按钮。

（2）选中要删除的节点，单击属性栏中的【删除节点】按钮，即完成删除节点，如图 1.4.59 所示。

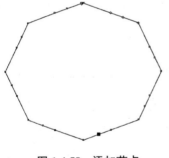

图 1.4.58　添加节点

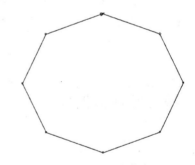

图 1.4.59　删除节点

4）连接节点

利用【形状工具】可对曲线上的节点进行连接，连接节点可以按下面的方法进行操作：

（1）单击工具箱中的【钢笔工具】按钮，绘制图形。

（2）单击工具箱中的【形状工具】按钮，拖动鼠标框选要连接的两个节点，如图 1.4.60 所示。

（3）单击属性栏中的【连接两个节点】按钮，即可完成连接节点，如图 1.4.61 所示。

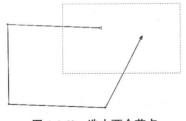

图 1.4.60　选中两个节点

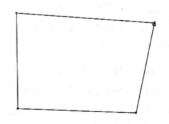

图 1.4.61　连接节点

5）断开节点

（1）单击工具箱中的【椭圆形工具】按钮，绘制椭圆。

（2）单击工具箱中的【形状工具】按钮，选中对象并将其转换为曲线，选取要断开节点间的路径，如图 1.4.62 所示。

（3）单击属性栏中的【断开曲线】按钮，将曲线分开，用鼠标移动节点即可显示断开节点后的曲线，如图 1.4.63 所示。

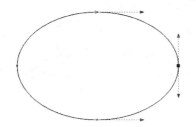　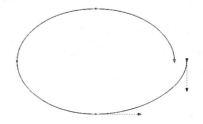

图 1.4.62　选取断开节点间的路径　　　图 1.4.63　断开节点后的曲线

2. 涂抹笔刷工具

使用【涂抹笔刷工具】可以在矢量图形对象（包括边缘和内部）上任意涂抹，以达到变形的目的。使用【涂抹笔刷工具】可以按下面的方法进行操作：

（1）单击工具箱中的【挑选工具】按钮，选定需要处理的图形对象。

（2）单击工具箱中的【涂抹笔刷工具】按钮，显示【涂抹笔刷】属性栏，如图 1.4.64 所示。

图 1.4.64　【涂抹笔刷】属性栏

（3）当鼠标光标变成了()形状，拖动鼠标，即可涂抹路径上的图形，如图 1.4.65 所示。

图 1.4.65　涂抹后效果

3. 粗糙笔刷工具

【粗糙笔刷工具】是一种多变的扭曲变形工具，它可以改变矢量图形对象中曲线的平滑度，从而产生粗糙的变形效果。使用【粗糙笔刷工具】可以按下面的方法进行操作：

（1）单击工具箱中的【挑选工具】按钮，选定需要处理的图形对象。

（2）单击工具箱中的【粗糙笔刷工具】按钮，显示涂抹笔刷属性栏，如图 1.4.66 所示。

图 1.4.66　【粗糙笔刷】属性栏

（3）在矢量图形的轮廓线上拖动鼠标，即可将曲线粗糙化，如图 1.4.67 所示。

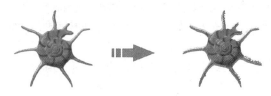

图 1.4.67 粗糙后效果

注意：【涂抹笔刷工具】和【粗糙笔刷工具】应用于规则形状的矢量图形，如矩形和椭圆等，有时会弹出提示框提示：【涂抹笔刷】和【粗糙笔刷】仅用于曲线对象，是否让 CorelDRAW X6 自动将其转成可编辑的对象。此时，应单击【OK】按钮或者先按快捷键 Ctrl+Q，将其转换成曲线后再应用这两个变形工具。

4．自由变换工具

【自由变换工具】可以通过使用【自由旋转工具】【自由角度镜像工具】【自由调节工具】和【自由扭曲工具】来对对象进行变换。

使用【自由旋转工具】可以按下面的方法进行操作：

（1）单击工具箱中的【自由变换工具】按钮，显示【自由变形工具】属性栏，如图 1.4.68 所示。

图 1.4.68 【自由变形工具】属性栏

（2）在属性栏中选择【自由旋转工具】，即完成图形自由旋转，如图 1.4.69 所示。

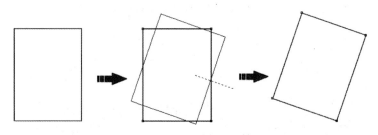

图 1.4.69 图形自由旋转

使用【自由角度镜像工具】可以按下面的方法进行操作：

（1）单击工具箱中的【自由变换工具】按钮，显示【自由变形工具】属性栏。

（2）在属性栏中选择【自由角度镜像工具】，即完成图形自由角度镜像，如图 1.4.70 所示。

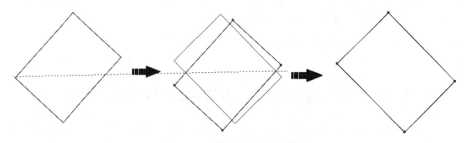

图 1.4.70 图形自由角度镜像

使用【自由调节工具】可以按下面的方法进行操作：

（1）单击工具箱中的【自由变换工具】按钮，显示【自由变形工具】属性栏。

（2）在属性栏中选择【自由调节工具】，即完成图形自由调节，如图 1.4.71 所示。

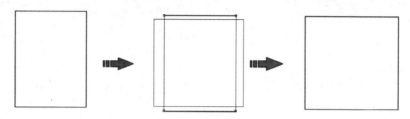

图 1.4.71　图形自由调节

使用【自由扭曲工具】可以按下面的方法进行操作：

（1）单击工具箱中的【自由变换工具】按钮，显示【自由变形工具】属性栏。

（2）在属性栏中选择【自由扭曲工具】，即完成图形自由扭曲，如图 1.4.72 所示。

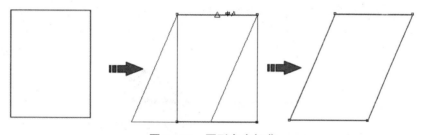

图 1.4.72　图形自由扭曲

4.2.2　任务 2——裁剪展开工具的使用

【裁剪展开工具】包括【裁剪工具】【刻刀工具】【橡皮擦工具】和【虚拟段删除工具】。

1. 裁剪工具

使用【裁剪工具】可以裁剪矢量对象和位图，移除对象和对象中不需要的区域（无须取消对象分组、断开链接的群组部分）或将对象转换为曲线。裁剪对象时，可以保留裁剪区域，裁剪区域外部的对象部分将被移除；也可以指定裁剪区域的确切位置和大小；还可以旋转裁剪区域和调整裁剪区域的大小，只裁剪选定的对象而不影响绘图中的其他对象，或者裁剪绘图页上的所有对象。无论何种情况，受影响的文本和形状对象将自动转换为曲线。可以按下面的方法进行操作：

（1）选中需裁剪的图形对象。

（2）单击工具箱中的【裁剪工具】按钮，显示【裁剪】属性栏，如图 1.4.73 所示。

图 1.4.73　【裁剪】属性栏

（3）在选中图形对象上单击并拖动，出现一个矩形框，矩形框里的图形为裁剪后的图形，如图 1.4.74 所示。

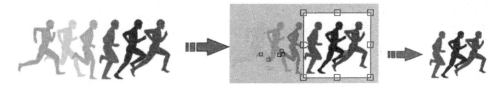

图 1.4.74　裁剪效果

2. 刻刀工具

使用【刻刀工具】可以将对象分割成多个部分，但不会使对象的任何一部分消失。可以按下面的方法进行操作：

（1）单击工具箱中的【刻刀工具】按钮，显示【刻刀和橡皮擦工具】属性栏，如图 1.4.75 所示。

（2）此时鼠标光标变成了 形状，将光标移到图形左边缘上，光标变成直立形态，这时单击确定一个切割点，再移动光标到图形右边缘上，单击确定第二个切割点，通过两个切割点可将图形切割成两部分，如图 1.4.76 所示。

（3）在属性栏中单击【剪切时自动闭合】按钮，可以使被切断后的对象自动生成封闭曲线，并保留填充属性。同时单击【保留为一个对象】按钮和【剪切时自动闭合】按钮，则该对象将成为一个多路径的对象。

图 1.4.75　选中【刻刀工具】

图 1.4.76　使用【刻刀工具】处理图像效果

3. 橡皮擦工具

使用【橡皮擦工具】可以改变、分割选定的对象或路径，擦除对象内部的一些图形，而且对象中被破坏的部分会自动封闭路径。可以按下面的方法进行操作：

（1）单击工具箱中的【挑选工具】按钮，选中需要处理的图形对象。

（2）单击工具箱中的【橡皮擦工具】按钮，显示【刻刀和橡皮擦工具】属性栏，如图 1.4.77 所示。

（3）此时鼠标光标变成了○形状，拖动鼠标即可擦除需要处理的图形对象，如图 1.4.78 所示。

图 1.4.77　选中【橡皮擦工具】

图 1.4.78　使用【橡皮擦工具】处理图像效果

（4）在属性栏的增量框中可以设置【橡皮擦厚度】。

（5）单击【擦除时自动减少】按钮可以在擦除图像时自动平滑地擦除边缘，单击【圆形 / 方形】按钮可以切换橡皮擦的形状。

4. 虚拟段删除工具

【虚拟段删除工具】是一个对象形状编辑工具，它可以删除相交对象中两个交叉点之间的线段，从而产生新的图形形状，该工具的操作十分简单，可以按下面的方法进行：

（1）单击工具箱中的【虚拟段删除工具】按钮。

（2）拖动鼠标放在需要删除的线段上，图标将直立起来，框选对象要删除的区域将其删除，如图 1.4.79 所示。

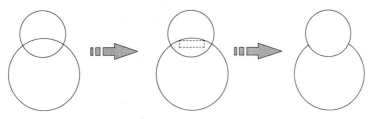

图 1.4.79　删除虚拟段

4.2.3　任务 3——滴管和颜料桶工具的使用

1. 滴管工具

使用【滴管工具】不但可以在绘图页面的任意图形对象上取得所需的颜色及属性，还可以从程序之外乃至桌面任意位置拾取颜色（获取的颜色是某一点的基本色，而不是渐变色）。使用【滴管工具】拾取样本颜色的操作比较简单，可以按下面的方法进行操作：

（1）单击工具箱中的【滴管工具】按钮，显示【滴管和颜料桶工具】属性栏。

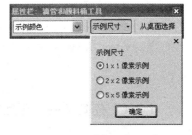

图 1.4.80　选择示例尺寸

（2）当光标变成滴管形状时，单击选取图形颜色，在属性栏中选择【示例颜色】选项，在【示例尺寸】下拉列表中选择将要使用的示例尺寸（1×1 像素、2×2 像素或 5×5 像素），如图 1.4.80 所示。

（3）单击【确定】按钮，所需的颜色即被选取。

（4）在属性栏中也可以选择【对象属性】选项，在【属性】下拉列表中可以选【轮廓】【填充】和【文本】，如图 1.4.81 所示。在【变换】下拉列表中可以选择【大小】【旋转】和【位置】，如图 1.4.82 所示。

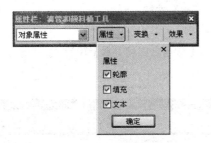

图 1.4.81　选择属性

图 1.4.82　选择变换样式

（5）在【效果】下拉列表中可以选择【透视点】【封套】【混合】【立体化】【轮廓图】【透镜】【PowerClip】【阴影】和【变形】，如图 1.4.83 所示。

图 1.4.83　选择显示效果

（6）单击【确定】按钮，即可将拾取对象属性应用到另一个目标对象上。

2．颜料桶工具

使用【颜料桶工具】则可以将取得的颜色或属性填充到其他的图形对象上。可以按下面的方法进行操作：

（1）单击工具箱中的【颜料桶工具】按钮，此时光标变成颜料桶形状，下方有一个代表当前所取颜色的色块。

（2）将光标移动到需要填充的对象中，单击即可为对象填充上颜料桶中的颜色。

（3）如果要在绘图页面以外拾取颜色，只需单击属性栏中的【从桌面选择】按钮，即可移动吸管工具到 CorelDRAW X6 操作界面以外的系统桌面上拾取颜色。

4.2.4　任务 4——交互式展开工具的使用

【交互式展开工具】包括【调和工具】【轮廓工具】【变形工具】【阴影工具】【封套工具】【立体化工具】【透明度工具】。

1．调和工具

使用【调和工具】可以快捷地创建调和效果，也可以在两个对象之间产生渐变的过渡效果，还可以显示一系列的中间对象，既包含形状的调和，也产生颜色的调和。使用【窗口菜单】泊坞窗也可以进行调和。可以按下面的方法进行操作：

1）直接调和

（1）单击工具箱中的【矩形工具】按钮和【椭圆形工具】按钮，绘制一个矩形和一个椭圆，用于制作调和效果的对象。

（2）单击工具箱中的【交互式调和工具】按钮，显示【交互式调和工具】属性栏，可以选择【直接调和】，如图 1.4.84 所示。

图 1.4.84　【交互式调和工具】属性栏

（3）在需要调和的起始对象上按住鼠标左键不放，拖动到终止对象，释放鼠标，即完成直线调和，如图 1.4.85 所示。

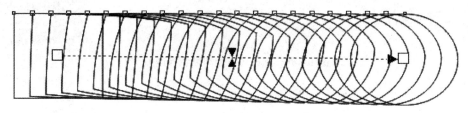

图 1.4.85　直线调和效果

2）路径调和

路径调和是按绘制好的路径进行调和，可以按下面的方法进行操作：

（1）单击工具箱中的【矩形工具】按钮和【椭圆形工具】按钮，绘制一个矩形和一个椭圆，用于制作调和效果的对象。

（2）单击工具箱中的【交互式调和工具】按钮，在属性栏中选择【路径调和】。

（3）按住 Alt 键，从一个对象绘制一条曲线到另一个对象，效果如图 1.4.86 所示。

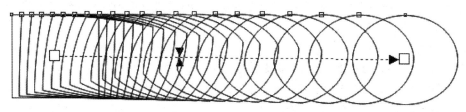

图 1.4.86　路径调和效果

3）复合调和

复合调和是在两个以上的对象之间进行调和，是已经调和的一个对象与另一个对象的又一次调和，可以按下面的方法进行操作：

（1）单击工具箱中的【交互式调和工具】按钮，在属性栏中选择【复合调和】。

（2）先调和两个对象，再单击余下的对象，将其拖动到已调和的对象上，效果如图 1.4.87 所示。

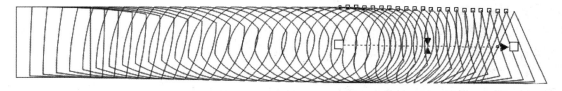

图 1.4.87　复合调和效果

4）加速调和

加速调和就在两个调和对象之间，从一个对象向另一对象的过渡过程中产生的一种加速趋势。产生加速调和可以按下面的方法进行操作：

（1）单击工具箱中的【矩形工具】按钮和【椭圆形工具】按钮，绘制一个矩形和一个椭圆，用于制作调和效果的对象。

（2）单击工具箱中的【交互式调和工具】按钮。

（3）在属性栏中选择【对象和颜色加速】，在下拉菜单中可以设置加速大小，如图 1.4.88 所示。

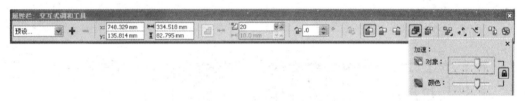

图 1.4.88　选择【对象和颜色加速】

（4）向右移动滑块，效果如图 1.4.89 所示。

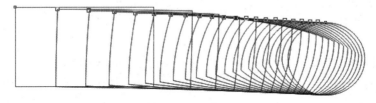

图 1.4.89　复合调和加速效果

5）旋转调和

对两个对象进行调和之后，还可以对调和进行一些特殊处理来达到更好的艺术效果，比如旋转调和。可以按下面的方法进行操作：

（1）使用【矩形工具】和【椭圆形工具】，绘制一个矩形和一个椭圆，用于制作调和效果的对象。

（2）单击工具箱中的【交互式调和工具】按钮。

（3）在属性栏中单击【顺时针调和】或【逆时针调和】按钮。

（4）设置调和方向，效果如图 1.4.90 所示。

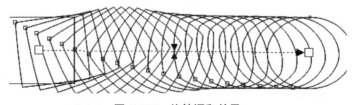

图 1.4.90　旋转调和效果

2. 轮廓工具

轮廓效果是指由一系列对称的同心轮廓线圈组合在一起所形成的具有深度感的效果。制作轮廓效果可以按下面的方法进行操作：

1）椭圆形工具

（1）单击工具箱中的【椭圆形工具】按钮，绘制一个椭圆。

（2）单击工具箱中的【交互式轮廓线工具】按钮，显示【交互式轮廓线工具】属性栏，如图 1.4.91 所示。

图 1.4.91　【交互式轮廓线工具】属性栏

（3）单击椭圆形并按住鼠标不放向中间拖动，拖动的过程中可以看到提示的虚线框。

（4）当虚线框达到满意的大小时，释放鼠标即可完成轮廓效果，如图 1.4.92 所示。

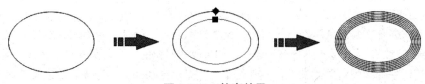

图 1.4.92　轮廓效果

2）轮廓线分离

要用轮廓线获得一些特殊效果，就要分离对象和轮廓线。可以按下面的方法进行操作：

（1）单击工具箱中的【交互式轮廓线工具】按钮，选取对象和轮廓线。

（2）选择【排列】|【打散轮廓图群组】命令，如图 1.4.93 所示，把轮廓从对象中分离出来的效果如图 1.4.94 所示。

图 1.4.93　排列菜单

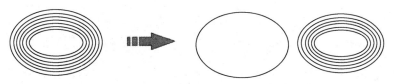

图 1.4.94　对象分离

3. 变形工具

变形效果是指不规则地改变对象的外观，使对象发生变形，从而产生的令人耳目一新的效果。通过该工具中【推拉变形】【拉链变形】和【扭曲变形】3 种变形方式的相互配合，可以得到变化无穷的变形效果。可以按下面的方法进行操作：

（1）单击工具箱中的【变形工具】按钮。

（2）在属性栏中可以选择变形方式为【推拉变形】【拉链变形】或【扭曲变形】。

（3）将鼠标移动到需要变形的对象上，单击拖动鼠标到适当位置，此时可看见蓝色的变形提示虚线。

（4）释放鼠标即可完成变形，如图 1.4.95 所示。

图 1.4.95　推拉变形、拉链变形和扭曲变形效果

4. 阴影工具

添加阴影效果是指为对象添加下拉阴影，增加景深感，从而使对象具有逼真的外观效果。制作好的阴影效果与选定对象是动态连接在一起的，如果改变对象的外观，阴影也会随之变化。使用【阴影工具】，可以快速地为对象添加下拉阴影效果，使图形更加形象、逼真。可以按下面的方法进行操作：

（1）单击工具箱中的【阴影工具】按钮，显示【交互式阴影】属性栏，如图 1.4.96 所示。

图 1.4.96 【交互式阴影】属性栏

（2）选中需要制作阴影效果的对象。在对象上单击，然后拖动鼠标移动阴影方向，此时会出现对象阴影的虚线轮廓框，到适当位置释放鼠标即可完成阴影效果的添加，如图 1.4.97 所示。

图 1.4.97 交互式阴影效果

（3）拖动阴影控制线中间的调节按钮，可以调节阴影的不透明程度。越靠近白色方块，不透明度越小，阴影越淡；越靠近黑色方块（或其他颜色），不透明度越大，阴影越浓。也可以在属性栏中设置阴影颜色。

5. 封套工具

封套是通过操纵边界框向任意方向拖动节点重新改变对象的形状，可以对图形、文本、位图进行编辑。可以按下面的方法进行操作：

（1）选中需要添加封套效果的对象。

（2）单击工具箱中的【封套工具】按钮，显示【交互式封套工具】属性栏，如图 1.4.98 所示。

图 1.4.98 【交互式封套工具】属性栏

（3）当对象四周出现一个矩形封套虚线控制框时，移动光标到节点处，单击拖动即可完成封套效果的添加，如图 1.4.99 所示。

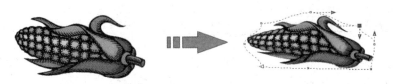

图 1.4.99 交互式封套效果

6. 立体化工具

立体化效果是利用三维空间的立体旋转和光源照射功能，为对象添加上明暗变化的阴影，从而制作出的逼真的三维效果。使用【立体化工具】可以轻松地为对象添加具有专业水准的矢量图立体化效果或位图立体化效果。可以按下面的方法进行操作：

（1）选中添加立体化效果的对象。

（2）单击工具箱中的【立体化工具】按钮，显示【交互式立体化】属性栏，如图 1.4.100 所示。

图 1.4.100 【交互式立体化】属性栏

（3）在所选对象上单击，当对象上出现立体化效果的控制虚线时，拖动鼠标到适当位置后释放，即可完成立体化效果的添加，如图 1.4.101 所示。

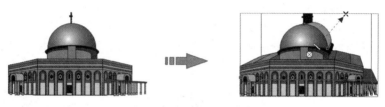

图 1.4.101 交互式立体化效果

（4）拖动控制线的调节按钮可以改变对象立体化的深度。拖动控制线箭头所指一端的控制点，可以改变对象立体化消失点的位置。

7. 透明工具

透明度效果是通过改变对象填充颜色的透明程度创造的独特的视觉效果。使用【透明工具】可以方便地为对象添加标准、渐变、图案及材质等透明效果。可以按下面的方法进行操作：

（1）选中添加透明度效果的对象。

（2）单击工具箱中的【透明工具】按钮，显示【交互式渐变透明】属性栏，如图 1.4.102 所示。

图 1.4.102 【交互式渐变透明】属性栏

（3）在所选对象上单击拖动鼠标，此时对象上会出现一个箭头，调整到合适的位置再次单击，即可完成透明效果的添加，如图 1.4.103 所示。

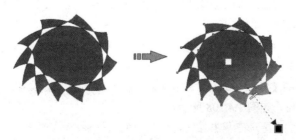

图 1.4.103 交互式渐变透明效果

4.2.4 任务4——交互式填充展开工具的使用

交互式填充展开工具组中包括【交互式填充工具】和【网状填充工具】。使用【交互式网状填充工具】可以轻松地创建复杂多变的网状填充效果，同时还可以将每一个网点填充上不同的颜色并定义颜色的扭曲方向。可以按下面的方法进行操作：

（1）选定需要网状填充的对象。

（2）单击工具箱中的【交互式网状填充工具】按钮，显示【交互式网状填充工具】属性栏，如图 1.4.104 所示。

图 1.4.104 【交互式网状填充工具】属性栏

（3）选择需要填充的节点，在调色板中选定需要填充的颜色，即可为该节点填充颜色；也可以将调色板中的颜色拖动到节点上，为节点填充颜色。

（4）拖动选中的节点，即可按扭曲的方向填充，如图 1.4.105 所示。

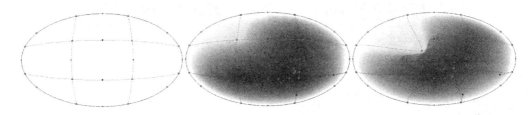

图 1.4.105 交互式网状填充效果

※ 4.3 基本图形绘制应用实例

4.3.1 任务1——绘制卡通人

（1）单击工具箱中的【椭圆形工具】按钮，按 Ctrl 键绘制两个正圆，大圆填充渐变色，小圆填充白色，并复制几个，如图 1.4.106 所示。

（2）单击工具箱中的【星形工具】按钮，在属性栏中设置参数为 ☆27 ▲53，设置填充为黄色，轮廓色为红，如图 1.4.107 所示。

（3）单击工具箱中的【椭圆形工具】按钮，绘制一个正圆形，设置填充颜色为红色，轮廓色为黑色，并放置到合适位置，如图 1.4.108 所示。

（4）单击工具箱中的【星形工具】按钮，绘制一个三角形，在属性栏设置参数为 ○3，设置填充颜色为黄色，轮廓色为黑色，如图 1.4.109 所示。

图 1.4.106　绘制多个正圆　　**图 1.4.107　绘制星形**　　**图 1.4.108　调整正圆位置**　　**图 1.4.109　绘制三角形**

（5）单击工具箱中的【椭圆形工具】按钮，绘制出脸部和眼睛图形并调整到合适的位置，如图 1.4.110 所示。

（6）单击工具箱中的【椭圆形工具】按钮，绘制出耳朵图形并填充相应的颜色，如图 1.4.111 所示。

（7）单击工具箱中的【钢笔工具】按钮，绘制嘴部图形，如图 1.4.112 所示。

（8）单击工具箱中的【矩形工具】按钮，在属性栏中设置参数为 ，绘制出身子图形，如图 1.4.113 所示。

图 1.4.110　绘制脸部和眼睛　　**图 1.4.111　绘制耳朵**　　**图 1.4.112　绘制嘴部**　　**图 1.4.113　绘制身子**

（9）单击工具箱中的【矩形工具】按钮，绘制一个矩形，然后再复制一个并旋转到合适的角度，完成胳膊图形，如图 1.4.114 所示。

图 1.4.114　绘制胳膊

（10）单击工具箱中的【填充工具】按钮，选择【图样填充】命令，在弹出的【图样填充】对话框中设置样式，如图 1.4.115 所示。单击【确定】按钮填充身子和胳膊，如图 1.4.116 所示。

（11）单击工具箱中的【矩形工具】按钮，绘制 2 个圆角矩形，完成腿和脚图形，如图 1.4.117 所示。

（12）将所有图形进行组合并调整到合适位置，如图 1.4.118 所示。

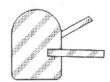
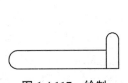

图 1.4.115　【图样填充】
对话框　　**图 1.4.116　填充**
效果　　**图 1.4.117　绘制**
腿和脚　　**图 1.4.118　完成**
卡通人效果

4.3.2 任务 2——绘制灯笼

（1）单击工具箱中的【贝塞尔工具】按钮，绘制曲线作为灯笼的绳头，在属性栏中设置轮廓宽度为 1.5mm、颜色为橘红色，如图 1.4.119 所示。

（2）单击工具箱中的【椭圆形工具】按钮，绘制一个椭圆，设置渐变颜色为由黄色到白色再到黄色，渐变类型为线性，如图 1.4.120 所示，设置椭圆轮廓色为 20% 的黑色。填充完成后效果如图 1.4.121 所示。

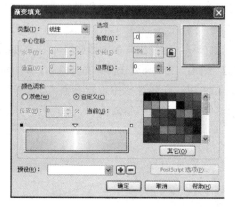

图 1.4.119　绘制曲线　　　图 1.4.120　【渐变填充】对话框　　　图 1.4.121　填充完成后的图形

（3）使用【矩形工具】，绘制矩形，组合成灯笼的顶部，填充渐变色同步骤（2），轮廓色为 20% 的黑色，如图 1.4.122 所示。

（4）单击工具箱中的【钢笔工具】按钮，绘制一条直线并复制，调整好距离，选中全部直线，选择【排列】|【对齐和分布】|【对齐和分布】命令，在弹出的【对齐与分布】对话框中选择【分布】选项并设置，如图 1.4.123 所示。

（5）单击【确定】按钮，完成分布效果，如图 1.4.124 所示。

图 1.4.122　绘制灯笼的顶部　　　图 1.4.123　【对齐与分布】对话框　　　图 1.4.124　分布完成效果

（6）单击工具箱中的【椭圆形工具】按钮，绘制一个椭圆，设置填充颜色为红色、轮廓色为黄色、宽度为 1.5mm，如图 1.4.125 所示。再绘制几个椭圆，设置轮廓色为黄色、宽度为 1.0mm，组合成灯笼的身体，如图 1.4.126 所示。

（7）选中之前绘制好的矩形，复制一个并缩小到合适的位置，完成灯笼的底部，如图 1.4.127 所示。

（8）单击工具箱中的【贝塞尔工具】按钮，绘制曲线，作为绳子中间部分，设置轮廓色为橘红色、宽度为 1.5mm，如图 1.4.128 所示。

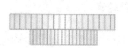

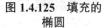

图 1.4.125　填充的椭圆　　图 1.4.126　绘制灯笼的身体　　图 1.4.127　绘制灯笼的底部　　图 1.4.128　绘制绳子中间部分

（9）将绘制的图形进行组合，完成灯笼图形，如图 1.4.129 所示，复制灯笼并旋转到合适的位置，如图 1.4.130 所示。

（10）单击工具箱中的【贝塞尔工具】按钮，再绘制一条曲线，设置轮廓色为橘红色、宽度为 1.5mm，然后复制几条完成灯笼的线穗，如图 1.4.131 所示。

（11）调整灯绳和线穗的位置，选中灯绳和线穗并右击，在弹出的快捷菜单中选择【顺序】|【到页面后面】命令，完成后效果如图 1.4.132 所示。

（12）单击工具箱中的【文本工具】按钮，分别输入"心""想""事""成"，设置字体样式为楷体、字号为 100pt，放置在灯笼上，完成后效果如图 1.4.133 所示。

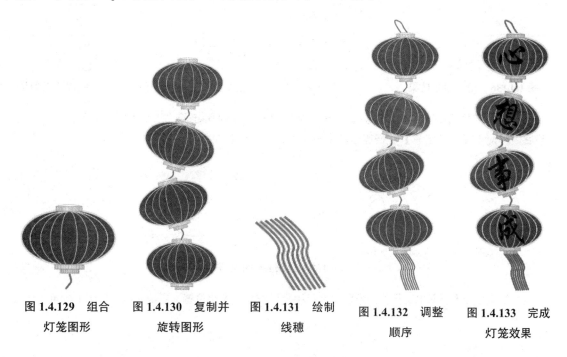

图 1.4.129　组合灯笼图形　　图 1.4.130　复制并旋转图形　　图 1.4.131　绘制线穗　　图 1.4.132　调整顺序　　图 1.4.133　完成灯笼效果

4.3.3　任务 3——绘制米老鼠

（1）单击工具箱中的【钢笔工具】按钮，在页面中绘制出米老鼠的头部轮廓，单击工具箱中的【形状工具】按钮，调整锚点使轮廓变得光滑，如图 1.4.134 所示。

（2）单击工具箱中的【椭圆形工具】按钮，绘制 3 个椭圆放置到头部轮廓中。选中 3 个椭圆后，单击属性栏中的【焊接】按钮，将 3 个椭圆进行焊接，如图 1.4.135 所示。

图 1.4.134 头部轮廓

图 1.4.135 焊接椭圆形

（3）选中头部轮廓和焊接形成的图形，选择【窗口】|【泊坞窗】|【造形】命令，在【造形】泊坞窗的下拉列表中选择【相交】选项，选中【保留原目标对象】复选框，单击【相交对象】按钮，然后单击头部轮廓内的区域，得到脸部轮廓，如图 1.4.136 所示。

（4）单击工具箱中的【椭圆形工具】按钮，绘制 7 个椭圆，调整大小、位置和角度，分别作为米老鼠的耳朵、眼睛和鼻子，如图 1.4.137 所示。

（5）单击工具箱中的【贝塞尔工具】按钮，绘制嘴巴细节，然后进行组合并移动到合适位置，完成头部的绘制，如图 1.4.138 所示。

图 1.4.136 相交完成效果　　图 1.4.137 完善脸部　　图 1.4.138 完成头部效果

（6）单击工具箱中【贝塞尔工具】按钮，绘制出身体轮廓和鞋子，使用【形状工具】进行细节调整后，再使用【挑选工具】进行组合，完成后效果如图 1.4.139 所示。

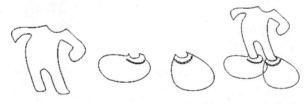

图 1.4.139 绘制身体和鞋子

（7）继续使用【贝塞尔工具】，绘制出两只手套和衣服，调整位置，完成后效果如图 1.4.140 所示。

图 1.4.140 绘制手套和衣服

（8）单击工具箱中的【艺术笔工具】按钮，在属性栏中单击【预设】按钮，绘制米老鼠的尾巴，如图 1.4.141 所示。

（9）单击工具箱中的【钢笔工具】按钮，绘制一些不规则形状，放置在米老鼠的胳膊和腿部，添加立体感，完成绘制，如图 1.4.142 所示。

（10）对米老鼠进行填充后的效果如图 1.4.143 所示。

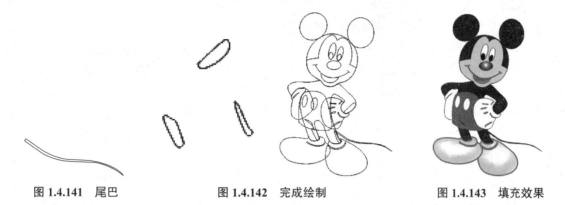

图 1.4.141   尾巴   图 1.4.142   完成绘制   图 1.4.143   填充效果

4.3.4   任务 4——绘制桃心

（1）单击工具箱中的【基本形状工具】按钮，在属性栏中选择心形，如图 1.4.144 所示。

（2）在页面中绘制一个心形图形，如图 1.4.145 所示。

图 1.4.144   选择心形图形   图 1.4.145   绘制心形

（3）选择心形，选择【窗口】|【泊坞窗】|【轮廓图】命令，打开【轮廓图】泊坞窗，设置参数，如图 1.4.146 所示。然后单击【应用】按钮，产生一层轮廓图，如图 1.4.147 所示。

图 1.4.146   【轮廓图】泊坞窗   图 1.4.147   轮廓图效果

（4）在轮廓图上右击，在弹出的快捷菜单中选择【打散轮廓图群组】命令，如图 1.4.148 所示。

（5）将大的心形填充为黑色，小的心形填充为白色，如图 1.4.149 所示。

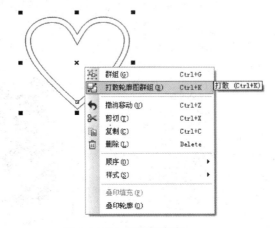

图 1.4.148　打散轮廓图　　　　　　　　图 1.4.149　心形填充

（6）单击工具箱中的【刻刀工具】按钮，将光标移到白色心形下方节点上，此时光标将变成直立形态，单击确定第一个切点，再向上移动到白色心形上方节点上，单击确定第二个切点，将心形切割，如图 1.4.150 所示。

（7）心形被切割成两部分，将右侧填充黑色，如图 1.4.151 所示。

图 1.4.150　心形切割　　　　　　　　图 1.4.151　右侧填充黑色

（8）单击工具箱中的【贝塞尔工具】按钮，绘制一条线，在属性栏中的【起始箭头选择器】选项组中选择一种箭头样式，在【终止箭头选择器】选项组中选择一种箭尾样式，设置轮廓宽度为4.0mm，如图 1.4.152 所示。

（9）选择直线并右击，在弹出的快捷菜单中选择【顺序】|【到页面后面】命令，完成后效果如图 1.4.153 所示。

（10）单击工具箱中的【星形工具】按钮，绘制一个星形并转换为曲线，使用【形状工具】调整图形形状，然后填充黄色，如图 1.4.154 所示。

图 1.4.152　设置箭头效果　　　图 1.4.153　到页面后面效果　　　图 1.4.154　绘制星形

（11）单击工具箱中的【多边形工具】按钮，在属性栏中设置多边形边数为 3，绘制三角形，使用【形状工具】，调整图形形状，然后填充红色，如图 1.4.155 所示。

（12）单击工具箱中的【椭圆形工具】按钮，绘制一个椭圆并转换为曲线，单击工具箱中的【粗糙笔刷】按钮，设置参数为 ▣ 12.0 mm ⊿ 3 ✎ 0 ▤ 50.0° ，如图 1.4.156 所示。将所有图形进行组合，完成后效果如图 1.4.157 所示。

图 1.4.155　绘制三角形　　　图 1.4.156　粗糙笔刷效果　　　图 1.4.157　完成桃心效果

4.3.5　任务 5——花盆制作

（1）新建一个页面，选择【版面】｜【页面背景】命令，在打开的【选项】对话框中将背景设置为纯色（10% 黑）。

（2）单击工具箱中的【椭圆形工具】按钮，绘制两个椭圆并将其进行垂直居中对齐，如图 1.4.158 所示。

（3）选择椭圆形并转换为曲线，单击工具箱中的【形状工具】按钮，在椭圆曲线上双击增加节点，调整出花瓣形状，如图 1.4.159 所示。

（4）将较大的图形填充为白色，较小的图形颜色 CMYK 值设置为（0，100，0，0），在花瓣下方绘制一个正圆，填充为白色到洋红色的射线渐变，并与花瓣垂直居中对齐，如图 1.4.160 所示。

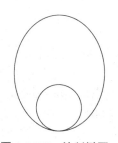  

图 1.4.158　绘制椭圆　　　　图 1.4.159　花瓣形状　　　　图 1.4.160　填充颜色

（5）单击工具箱中的【交互式调和工具】按钮，在花瓣上从红色图形向白色图形拖动，在属性栏中设置步长值为 20，完成后效果如图 1.4.161 所示。

（6）将调和后的花瓣图形复制两组，分别填充黄色和蓝色到白色的调和，如图 1.4.162 所示。

（7）选中红色花瓣图形，选择【排列】｜【变换】｜【旋转】命令，打开【变换】泊坞窗，设置旋转角度为 40°，旋转中心的垂直位置为花瓣下正圆图形的垂直位置，然后单击【应用到复制】按钮 8 次，旋转复制出洋红色花朵。用同样的方法制作出黄色和蓝色花朵，将三个花朵分别群组，如图 1.4.163 所示。

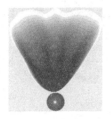

图 1.4.161 交互式调和效果

图 1.4.162 复制花瓣并填充颜色

图 1.4.163 花朵效果

（8）单击工具箱中的【交互式封套工具】按钮，对花朵进行变形，使其具有动感，如图 1.4.164 所示。

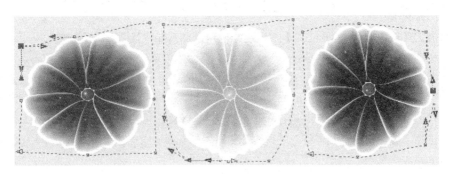

图 1.4.164 将花朵变形

（9）在页面中绘制一个椭圆形和一个矩形，将矩形转换为曲线，使用【形状工具】调整形状，如图 1.4.165 所示。

（10）选择【排列】|【造形】|【造形】命令，设置【修剪】面板中保留原件为来源对象，单击【修剪】按钮后，在变形后的矩形上进行修剪，如图 1.4.166 所示。填充渐变颜色完成花盆制作，如图 1.4.167 所示。

图 1.4.165 绘制图形

图 1.4.166 修剪后效果

图 1.4.167 填充渐变色后的花盆效果

（11）将变形后的花朵移动到花盆上面，复制红色花朵，然后调整前后位置，如图 1.4.168 所示。

（12）单击工具箱中的【交互式阴影工具】按钮，为花盆添加阴影效果，如图 1.4.169 所示。

（13）绘制一个椭圆形填充黑色，并旋转一定角度，然后将椭圆置于图层后面，如图 1.4.170 所示。

图 1.4.168　复制花朵　　　　图 1.4.169　添加阴影　　　　图 1.4.170　绘制椭圆

（14）单击工具箱中的【交互式透明工具】按钮，为椭圆制作阴影效果，完成后效果如图 1.4.171 所示。

图 1.4.171　完成花盆效果

思考与练习

1. 思考题

（1）如何绘制椭圆、正圆、饼形和圆弧？

（2）【多边形工具组】包括哪些工具？

（3）【形状工具】和【裁剪工具】的使用方法是什么？

（4）【交互式阴影工具】和【交互式填充工具】的使用方法是什么？

2. 练习题

（1）使用 CorelDRAW X6 软件，绘制蝴蝶和花朵图案。

练习要求：使用【艺术笔工具】喷涂出花朵，结合使用【贝塞尔工具】【钢笔工具】和【形状工具】制作蝴蝶图案，复制几组，编辑形状，填充不同颜色，随意放置，绘制完成后效果如图 1.4.172 所示。

图 1.4.172 完成蝴蝶和花朵效果

（2）使用 CorelDRAW X6 软件，绘制几幅形状各异的景物图形。

练习要求：使用【形状编辑展开式工具】制作图案，运用【交互式工具组】添加图案，绘制完成后效果如图 1.4.173 所示。

图 1.4.173 图形效果

情境教学 5
图形填充与位图编辑

5

学习目标

1. 了解图形透镜的应用；
2. 掌握轮廓笔操作；
3. 理解颜色填充；
4. 学会应用实例；
5. 懂得图样填充方法。

※ 5.1 填充展开工具的应用

【填充展开工具】是调整色彩图形中接触最多的工具之一。【填充展开工具栏】中包括【均匀填充】【渐变填充】【图样填充】【底纹填充】【PostScript 填充】【无填充】和【颜色】。

5.1.1 任务 1——均匀填充

均匀填充是最简单的一种填充方式，可以方便地通过设置对话框的方式来实现。可以按下面的方法进行操作：

单击【填充】工具按钮，在弹出的菜单中选择【均匀填充工具】，打开【均匀填充】对话框，进行该填充类型的属性设置，如图 1.5.1 所示。

注意： 当鼠标停留在某一图标上时，系统会显示该图标的功能标注，对照对话框中相应选项设置即可。

此外，在 CorelDRAW X6 中有预制的调色板，还可以通过选择【窗口】|【调色板】命令进行填色，可以按下面的方法进行操作：

（1）选中需填充的图形对象。

（2）单击工具箱中的【均匀填充】按钮，弹出【均匀填充】对话框。

（3）选择调色板上的颜色，单击【确定】按钮，即可均匀填充颜色到图形对象上，如图 1.5.2 所示。

图 1.5.1 【均匀填充】对话框

图 1.5.2 自定义均匀填充

5.1.2 任务 2——渐变填充

渐变填充可以产生一种平滑过渡的视觉效果，可以从一种颜色过渡到另一种颜色。可以按下面的方法进行操作：

（1）选中需填充的图形对象。

（2）单击工具箱中的【渐变填充】按钮，弹出【渐变填充】对话框，如图 1.5.3 所示。

（3）在【类型】下拉列表框中可以选择 4 种渐变类型，分别为【线型】【射线】【圆锥】和【方角】。

（4）单击【确定】按钮，完成填充。4 种渐变类型填充效果如图 1.5.4 所示。

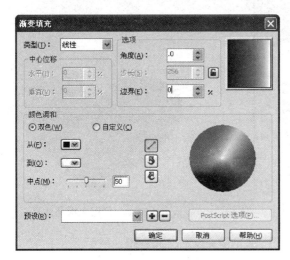

图 1.5.3　【渐变填充】对话框

图 1.5.4　线型、射线、圆锥和方角填充效果

（5）在【选项】选项组中的【角度】文本框中可以设置渐变填充的角度值。

（6）在【选项】选项组中的【步长】文本框中可以输入数值来确定渐变的层次（必须使右边的锁处于开启状态）。

（7）在【选项】选项组中的【边界】文本框中可以输入数值来控制渐变色两边颜色的宽度。

（8）在【颜色调和】选项组中，选中【双色】单选按钮，在【从】和【到】下拉列表中选择一个颜色到另一个颜色。在【中点】文本框中可以设置渐变颜色的中间色位置，如图 1.5.5 所示。

（9）单击【确定】按钮，完成对象的双色渐变填充，如图 1.5.6 所示。

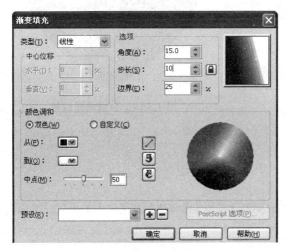

图 1.5.5　【双色】设置

图 1.5.6　双色填充效果

（10）在【颜色调和】选项卡中，选中【自定义】单选按钮。在【位置】文本框中可以输入数值，调整颜色标记位置。

（11）在调色板中选择颜色为【当前】颜色，如图1.5.7所示。

（12）单击【确定】按钮，完成对象的自定义渐变填充，如图1.5.8所示。

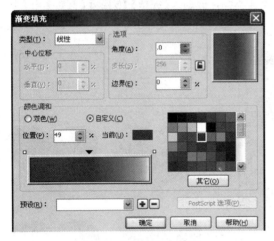

图1.5.7 【自定义】设置   图1.5.8 自定义填充效果

（13）在【预设】下拉列表框中可以选择系统预设的渐变设置，如图1.5.9所示。

（14）单击【确定】按钮，完成对象的预设渐变填充，如图1.5.10所示。

图1.5.9 【预设】设置   图1.5.10 预设填充效果

5.1.3 任务3——图样填充

　　【图样填充】提供了3种图案填充模式，分别为【双色】【全色】和【位图】模式，每个模式里都有各种不同的花纹和样式供选择。

1. 双色图样填充

　　双色图样填充可以用两种颜色来填充图形，以增强图形显示效果，可以按下面的方法进行操作：

（1）选中需填充的图形对象。

（2）单击工具箱中的【图样填充】按钮，弹出【图样填充】对话框。

（3）在【图样填充】对话框中选择【双色】填充样式。

（4）在【填充图案】的下拉列表中选择要填充的图案。

（5）在【前部】和【后部】下拉列表中设置前景色和背景色，如图 1.5.11 所示。

（6）单击【确定】按钮，完成双色图样填充，效果如图 1.5.12 所示。

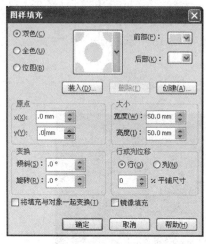

图 1.5.11 【图样填充】对话框   图 1.5.12 双色图样填充效果

注意：可以通过在对话框中设置【原点】【大小】和【变换】选项组中的数值来改变图样平铺大小。

2. 全色图样填充

全色图样填充可以利用图案库提供的图样对图形对象进行填充。可以按下面的方法进行操作：

（1）选中需填充的图形对象。

（2）单击工具箱中的【图样填充】按钮，弹出【图样填充】对话框。

（3）在【图样填充】对话框中选择【全色】填充样式。

（4）在【填充图案】的下拉列表中选择填充的图案样式，如图 1.5.13 所示。

（5）单击【确定】按钮，完成全色图样填充，效果如图 1.5.14 所示。

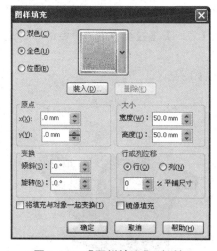

图 1.5.13 【图样填充】对话框   图 1.5.14 全色图样填充效果

注意：可以通过在对话框中设置【原点】【大小】和【变换】选项组中的数值来改变图样平铺大小。

3. 位图图样填充

位图图样填充由像素网格组成，是一个个像素点，可以按下面的方法进行操作：

（1）选中需填充的图形对象。

（2）单击工具箱中的【图样填充】按钮，弹出【图样填充】对话框。

（3）在【图样填充】对话框中选择【位图】填充样式。

（4）在【填充图形】的下拉列表中选择填充的图形样式，如图 1.5.15 所示。

（5）单击【确定】按钮，完成位图图样填充，效果如图 1.5.16 所示。

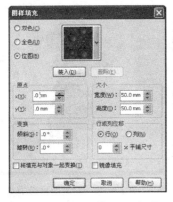 

图 1.5.15 【图样填充】对话框　　　　图 1.5.16 位图图样填充效果

注意：可以通过在对话框中设置【原点】【大小】和【变换】选项组中的数值来改变图样平铺大小。

5.1.4 任务 4——底纹填充

底纹填充提供了云彩、矿物、水滴等物质的填充底纹，用来为图形创造天然材质的外观，可以按下面的方法进行操作：

（1）选中需填充的图形对象。

（2）单击工具箱中的【底纹填充】按钮，弹出【底纹填充】对话框。

（3）在【底纹库】下拉列表框中选择【样品】，在【底纹】下拉列表中选择合适的底纹，如图 1.5.17 所示。

（4）单击【确定】按钮，完成底纹填充，效果如图 1.5.18 所示。

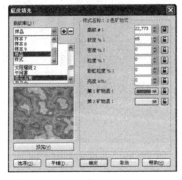 

图 1.5.17 【底纹填充】对话框　　　　图 1.5.18 底纹填充效果

5.1.5　任务 5——PostScript 底纹填充

PostScript 底纹填充是由 PostScript 语言编写出来的一种特殊的材质填充，可以按下面的方法进行操作：

（1）选中需填充的图形对象。

（2）单击工具箱中的【PostScript】按钮，弹出【PostScript 底纹】对话框。

（3）在对话框中选择 PostScript 填充图案，选中【预览填充】复选框，可以在左边窗口预览选定的 PostScript 填充图案，如图 1.5.19 所示。

（4）系统给定了底纹填充的参数，可以在参数选项组中输入相应参数数值。单击【确定】按钮，完成 PostScript 填充，效果如图 1.5.20 所示。

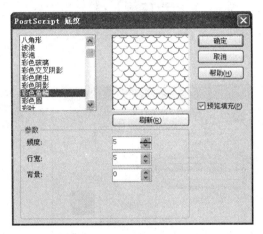

图 1.5.19　【PostScript 底纹】对话框

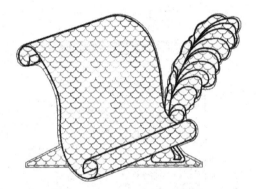

图 1.5.20　PostScript 填充效果

※ 5.2　轮廓展开工具的应用

每个对象都有轮廓，对于开放式对象，设置轮廓就是设置线的宽度、颜色和端点箭头形状；对于封闭式对象，设置轮廓就是设置轮廓线的粗细、颜色、形状和拐角处的形态。

5.2.1　任务 1——轮廓笔的使用

通过轮廓笔来设置轮廓，可以按下面的方法进行操作：

（1）单击工具箱中的【轮廓笔】按钮，打开【轮廓笔】对话框，如图 1.5.21 所示。

（2）在对话框中的【颜色】下拉列表中选择颜色，如图 1.5.22 所示。

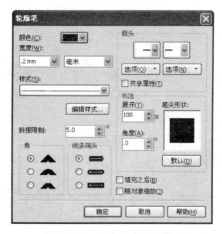

图 1.5.21 【轮廓笔】对话框

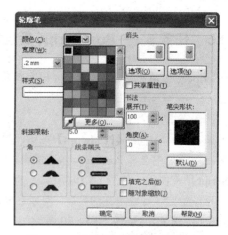

图 1.5.22 打开【颜色】下拉列表

（3）在【宽度】下拉列表中选择轮廓的宽度，也可输入轮廓的宽度数值，如图 1.5.23 所示。

（4）在【样式】下拉列表中选择轮廓的样式，如图 1.5.24 所示。

图 1.5.23 打开【宽度】下拉列表

图 1.5.24 打开【样式】下拉列表

（5）单击【编辑样式】按钮，弹出【编辑线条样式】对话框，如图 1.5.25 所示。移动滑块调整单元样式的长度，设置轮廓笔的样式。单击【添加】按钮，编辑线条样式将在样式里，单击【确定】按钮，完成编辑样式，效果如图 1.5.26 所示。

图 1.5.25 【编辑线条样式】对话框

图 1.5.26 编辑样式效果

（6）在【角】下拉列表中选择角的样式。在【线条端头】下拉列表中选择线条的端头样式。

（7）在【箭头】下拉列表中选择箭头的样式，如图 1.5.27 所示。

（8）用【贝塞尔工具】画一条曲线，选择首尾的箭头，单击【确定】按钮，完成首尾箭头，效果如图 1.5.28 所示。

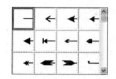   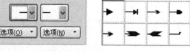 

图 1.5.27 箭头的样式   图 1.5.28 首尾箭头效果

5.2.2 任务 2——轮廓颜色的填充

在页面中为绘制的图形填充轮廓色，可以按下面的方法进行操作：

（1）选中需填充轮廓色的图形对象。

（2）单击工具箱中的【轮廓颜色】按钮，打开【轮廓颜色】对话框。

（3）在调色板上选择颜色，如图 1.5.29 所示，单击【确定】按钮，完成填充轮廓色，效果如图 1.5.30 所示。

图 1.5.29 选择填充颜色

图 1.5.30 填充轮廓色效果

※ 5.3 位图编辑

5.3.1 任务 1——图形透镜效果的应用

透镜效果是指通过改变对象外观或改变观察透镜下的对象的方式所取得的特殊效果。

1. 设置透镜效果

1）冻结

【冻结】可以将应用透镜效果的对象下面的其他对象所产生的效果添加为透镜效果的一部分，不会因为透镜或者对象的移动而改变透镜效果。添加【冻结】效果可以按下面的方法进行操作：

（1）选择菜单栏中【效果】|【透镜】命令，在【透镜】泊坞窗中选中【冻结】复选框，如图 1.5.31 所示。

（2）使锁处于打开状态。单击【应用】按钮，完成【冻结】，效果如图 1.5.32 所示。

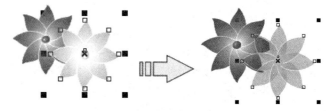

图 1.5.31 选中【冻结】复选框　　　　　　　　　图 1.5.32 【冻结】效果

2）视点

【视点】是在不移动透镜的情况下，弹出透镜下面对象的一部分。添加【视点】效果可以按下面的方法进行操作：

（1）选择菜单栏中【效果】|【透镜】命令，在【透镜】泊坞窗中选中【视点】复选框，会出现一个【编辑】按钮，如图 1.5.33 所示。

（2）单击【编辑】按钮，在对象中心则会出现一个【×】形标记，此标记代表透镜所观察到的对象的中心，可拖动该标记到新的位置或在透镜中输入该标记的坐标位置值。

（3）使锁处于打开状态。单击【应用】按钮，完成添加视点后的效果如图 1.5.34 所示。

图 1.5.33 选中【视点】复选框　　　　　　　　　图 1.5.34 【视点】效果

3）移除表面

【移除表面】是使透镜效果只显示该对象与其他对象重合的区域，而被透镜覆盖的其他区域则不可见，其显示颜色效果变浅，设置【移除表面】效果可以按下面的方法进行操作：

（1）选择菜单栏中【效果】|【透镜】命令，在【透镜】泊坞窗中选中【移除表面】复选框，如图 1.5.35 所示。

（2）使锁处于打开状态。单击【应用】按钮，完成移除表面后的效果如图 1.5.36 所示。

图 1.5.35　选中【移除表面】复选框　　　图 1.5.36　【移除表面】效果

2. 透镜种类

CorelDRAW X6 在透镜中的透镜类型表框栏中提供了 12 种透镜类型，每一种类型都有各自的特色，能使位于透镜下的对象显示出不同的效果。

1）无透镜效果

【无透镜效果】的作用就是消除已应用的透镜效果，恢复对象的原始外观。

2）变亮

【变亮】透镜可以控制对象在透镜范围内的亮度。【比率】增量框中的百分比值范围是 −100~100，正值使对象增亮，负值使对象变暗，添加【变亮】透镜效果可以按下面的方法进行操作：

（1）绘制或调入需要【变亮】效果的图形对象。

（2）选择菜单栏中【效果】|【透镜】命令，或按 Alt+F3 组合键，弹出【透镜】泊坞窗。

（3）在【透镜】预览框下面的列表框中选择【变亮】透镜效果，输入比率数值，如图 1.5.37 所示。

（4）单击【应用】按钮，完成【变亮】透镜的效果如图 1.5.38 所示。

图 1.5.37　选择【变亮】透镜　　　　图 1.5.38　【变亮】透镜效果

3）颜色添加

【颜色添加】透镜可以为对象添加指定颜色，就像在对象上面添加了一层有色滤镜。以红、绿、蓝 3 原色为亮色，这 3 种色相结合的区域则产生白色。【比率】增量框中的百分比值范围是 0~100。比值越大，透镜颜色越深，反之越浅，设置【颜色添加】透镜效果可以按下面的方法进行操作：

（1）绘制或调入需要【颜色添加】效果的图形对象。

（2）选择菜单栏中的【效果】|【透镜】命令，或者按 Alt+F3 组合键，弹出【透镜】泊坞窗。

（3）在【透镜】预览框下面的列表框中选择【颜色添加】透镜效果，输入比率数值，并选择颜色，如图 1.5.39 所示。

（4）单击【应用】按钮，完成的【颜色添加】透镜效果如图 1.5.40 所示。

图 1.5.39　选择【颜色添加】透镜　　　　图 1.5.40　【颜色添加】透镜效果

4）色彩限度

【色彩限度】透镜是把对象上的颜色转换为指定的透镜颜色显示。【比率】增量框中可设置转换为透镜颜色的比例，百分比值范围是 0~100。设置【色彩限度】透镜效果可以按下面的方法进行操作：

（1）绘制或调入需要【色彩限度】效果的图形对象。

（2）选择菜单栏中【效果】|【透镜】命令，或者按 Alt+F3 组合键，弹出【透镜】泊坞窗。

（3）在【透镜】预览框下面的列表框中选择【色彩限度】透镜效果，输入比率数值和选择颜色，如图 1.5.41 所示。

（4）单击【应用】按钮，完成的【色彩限度】透镜效果如图 1.5.42 所示。

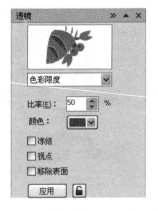
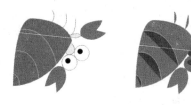

图 1.5.41　选中【色彩限度】透镜　　　　图 1.5.42　【色彩限度】透镜效果

5）自定义彩色图

【自定义彩色图】透镜可以将对象的填充色转换为双色调。转换颜色是以亮度为基准，用设定的【起始颜色】和【终止颜色】与对象的填充色对比，再反转弹出显示的颜色。在【颜色间级数】

列表框中可以选择【向前的彩虹】或【反转的彩虹】选项，指定使用两种颜色间色谱的正反顺序，设置【自定义彩色图】透镜效果可以按下面的方法进行操作：

（1）绘制或调入需要【自定义彩色图】效果的图形对象。

（2）选择菜单栏中【效果】|【透镜】命令，或者按 Alt+F3 组合键，弹出【透镜】泊坞窗。

（3）在【透镜】预览框下面的列表框中选择【自定义彩色图】透镜效果，选择颜色，如图 1.5.43 所示。

（4）单击【应用】按钮，完成的【自定义彩色图】透镜效果如图 1.5.44 所示。

图 1.5.43　选择【自定义彩色图】透镜

图 1.5.44　【自定义彩色图】透镜效果

6）鱼眼

【鱼眼】透镜可以使透镜下的对象产生扭曲的效果。通过改变【比率】增量框中的值来设置对象扭曲的程度，比率值设置范围是 −1 000~1 000。数值为正时向外凸出，数值为负时向内凹陷。设置【鱼眼】透镜效果可以按下面的方法进行操作：

（1）绘制或调入需要【鱼眼】效果的图形对象。

（2）单击工具箱中的【椭圆形工具】按钮，绘制一个正圆，把正圆拖动到图形对象上。

（3）选择菜单栏中【效果】|【透镜】命令，或者按 Alt+F3 组合键，弹出【透镜】泊坞窗，如图 1.5.45 所示。

（4）在【透镜】预览框下面的列表框中选择【鱼眼】透镜效果，输入比率数值。

（5）单击【应用】按钮，完成的【鱼眼】透镜效果如图 1.5.46 所示。

图 1.5.45　选中【鱼眼】透镜

图 1.5.46　【鱼眼】透镜效果

7）热图

【热图】透镜用以模拟为对象添加红外线成像的效果。弹出显示的颜色由对象的颜色和【调色板旋转】增量框中的参数决定，【调色板旋转】参数的范围是0~100。色盘的旋转顺序为：白、青、蓝、紫、红、橙、黄。设置【热图】透镜效果可以按下面的方法进行操作：

（1）绘制或调入需要【热图】效果的图形对象。

（2）选择菜单栏中的【效果】|【透镜】命令，或者按 Alt+F3 组合键，弹出【透镜】泊坞窗。

（3）在【透镜】预览框下面的列表框中选择【热图】透镜效果，输入调色板旋转参数值，如图1.5.47 所示。

（4）单击【应用】按钮，完成的【热图】透镜效果如图 1.5.48 所示。

图 1.5.47　选择【热图】透镜

图 1.5.48　【热图】透镜效果

8）反显

【反显】透镜是通过 CMYK 模式将透镜下对象的颜色转换为互补色，从而产生类似相片底片的特殊效果。设置【反显】透镜效果可以按下面的方法进行操作：

（1）绘制或调入需要【反显】效果的图形对象。

（2）选择菜单栏中【效果】|【透镜】命令，或者按 Alt+F3 组合键，弹出【透镜】泊坞窗。

（3）在【透镜】预览框下面的列表框中选择【反显】透镜效果，如图1.5.49 所示。

（4）单击【应用】按钮，完成的【反显】透镜效果如图 1.5.50 所示。

图 1.5.49　选择【反显】透镜

图 1.5.50　【反显】透镜效果

9）放大

【放大】透镜可以产生放大镜一样的效果。在【倍数】增量框中设置放大倍数，取值范围是0~100。数值在 0~1 之间为缩小，数值在 1~100 之间为放大。设置【放大】透镜效果可以按下面的方法进行操作：

（1）绘制或调入需要【放大】效果的图形对象。

（2）单击工具箱中的【椭圆形工具】按钮，绘制一个正圆，把正圆拖动到图形对象上。

（3）选择菜单栏中【效果】｜【透镜】命令，或者按 Alt+F3 组合键，弹出【透镜】泊坞窗。

（4）在【透镜】预览框下面的列表框中，选择【放大】透镜效果，输入数量值，如图 1.5.51 所示。

（5）单击【应用】按钮，完成的【放大】透镜效果如图 1.5.52 所示。

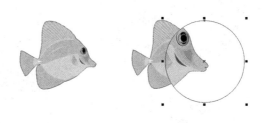

图 1.5.51　选择【放大】透镜　　　　　　　　　　图 1.5.52　【放大】透镜效果

10）灰度浓淡

【灰度浓淡】透镜可以将透镜下的对象颜色转换成透镜色的灰度等效色。设置【灰度浓淡】透镜效果可以按下面的方法进行操作：

（1）绘制或调入需要【灰度浓淡】效果的图形对象。

（2）单击工具箱中的【椭圆形工具】按钮，绘制一个椭圆，把椭圆拖动到图形对象上。

（3）选择菜单栏中的【效果】｜【透镜】命令，或者按 Alt+F3 组合键，弹出【透镜】泊坞窗。

（4）在【透镜】预览框下面的列表框中选择【灰度浓淡】透镜效果，选择颜色，如图 1.5.53 所示。

（5）单击【应用】按钮，完成的【灰度浓淡】透镜效果如图 1.5.54 所示。

图 1.5.53　选择【灰度浓淡】透镜　　　　　　　图 1.5.54　【灰度浓淡】透镜效果

11）透明度

【透明度】透镜可以产生像透过有色玻璃一样看物体的效果。在【比率】增量框中可以调节有色透镜的透明度，取值范围为 0~100。在【颜色】下拉列表框中可以选择透镜颜色。设置【透明度】透镜效果可以按下面的方法进行操作：

（1）绘制或调入需要【透明度】效果的图形对象。

（2）单击工具箱中的【椭圆形工具】按钮，绘制一个正圆，把正圆拖动到图形对象上。

（3）选择菜单栏中【效果】|【透镜】命令，或者按 Alt+F3 组合键，弹出【透镜】泊坞窗。

（4）在【透镜】预览框下面的列表框中选择【透明度】透镜效果，输入比率数值，并选择颜色，如图 1.5.55 所示。

（5）单击【应用】按钮，完成的【透明度】透镜效果如图 1.5.56 所示。

图 1.5.55　选择【透明度】透镜　　　　　　　图 1.5.56　【透明度】透镜效果

12）线框

【线框】透镜可以用来显示对象的轮廓，并可为轮廓指定填充色。在【轮廓】列表框中可以设置轮廓线的颜色；在【填充】列表框中可以设置是否填充及填充颜色。设置【线框】透镜效果可以按下面的方法进行操作：

（1）绘制或调入需要【线框】效果的图形对象。

（2）选择菜单栏中【效果】|【透镜】命令，或者按 Alt+F3 组合键，弹出【透镜】泊坞窗。

（3）在【透镜】预览框下面的列表框中选择【线框】透镜效果，如图 1.5.57 所示。

（4）单击【应用】按钮，【线框】透镜效果如图 1.5.58 所示。

图 1.5.57　选择【线框】透镜　　　　　　　图 1.5.58　【线框】透镜效果

5.3.2　任务 2——滤镜在图形中的应用

在【位图】菜单中有 10 类位图处理滤镜，每一类的子级菜单中都包含多个滤镜效果命令，如图 1.5.59 所示。在这些效果滤镜中，一部分可以用来校正图像，对图像进行修复，另一部分则可以用来破坏图像原有画面正常的位置或颜色，从而模仿自然界的各种状况或产生一种抽象的色彩效果。每一种滤镜都有各自的特性，灵活运用可产生丰富多彩的图像效果。

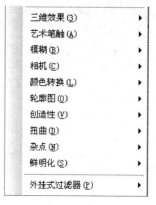

图 1.5.59　【位图】菜单中的滤镜组

1. 添加滤镜效果

滤镜的种类繁多，但添加滤镜效果的方法却非常相似，可以按下面的方法进行操作：

（1）选定需要添加滤镜效果的位图图像。

（2）选择【位图】菜单命令，从相应滤镜组的子菜单中选定滤镜命令，即可打开相应的滤镜对话框。

（3）在滤镜对话框中设置相关的参数选项后，单击【确定】按钮，即可将选定的滤镜效果应用到位图图像中。

（4）在每一个滤镜对话框的顶部，都有两个预览窗口切换按钮，用于在对话框中打开和关闭预览窗口，以及切换双预览窗口或单预览窗口。

（5）在每一个滤镜对话框的底部，都有一个【预览】按钮。单击该按钮，即可在预览窗口中预览到添加滤镜后的效果。在双预览窗口中，还可以比较图像的原始效果和添加滤镜效果之间的变化。

2. 撤销滤镜效果

如果觉得添加的一个或数个滤镜效果不好，可以将已经添加的滤镜效果撤销。可以按照下面的方法操作：

（1）每次添加的滤镜都会出现在【编辑】|【撤销】命令中，执行该命令或者按 Ctrl+Z 组合键，即可将刚添加的效果滤镜撤销掉。

（2）也可以单击常用工具栏中的按钮，撤销上一步添加滤镜操作。

（3）选择【编辑】|【恢复操作】命令，或者按 Ctrl+Shift+Z 组合键、单击常用工具栏中的按钮，则可恢复刚被撤销的添加滤镜操作。

3. 滤镜效果介绍

CorelDRAW X6 带有 80 多种不同特性的滤镜，这些滤镜的效果各异，下面就简单地介绍部分滤镜的应用效果。

1）三维旋转效果

【三维旋转】滤镜可使图像产生三维转换立体效果。该滤镜适用于重新定位图像或产生奇特的立体效果。添加该滤镜可以按下面的方法进行操作：

（1）选择菜单栏中的【位图】|【三维效果】|【三维旋转】命令，弹出【三维旋转】对话框，如图 1.5.60 所示。

（2）预览左侧方体框架，根据需要也可以调整立方体的框架结构。这时出现的并不是一个真实的方体，只不过是一个方的框架，只有框架所包括的图像才会被立体化。

（3）单击【确定】按钮，图案的【三维旋转】效果如图 1.5.61 所示。

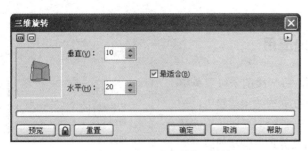

图 1.5.60 【三维旋转】对话框　　　　　图 1.5.61 图案的【三维旋转】效果

2）浮雕效果

【浮雕】滤镜用来模拟凸凹不平的雕刻效果，可以按下面的方法进行添加：

（1）选择菜单栏中的【位图】|【三维效果】|【浮雕】命令，弹出【浮雕】对话框，如图 1.5.62 所示。

（2）【深度】控制图像的凸凹程度；【层次】控制图像的颜色状况，该值越大，图像保留的颜色越多（颜色反向），该值为零时，图像将变为单一的灰色；【方向】控制光线方向。

（3）单击【确定】按钮，图案的【浮雕】效果如图 1.5.63 所示。

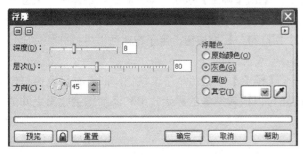

图 1.5.62 【浮雕】对话框　　　　　图 1.5.63 图案的【浮雕】效果

3）卷页效果

【卷页】滤镜是用粗糙的颜色边缘模拟碎纸片的效果，可以按下面的方法进行添加：

（1）选择菜单栏中的【位图】|【三维效果】|【卷页】命令，弹出【卷页】对话框，如图 1.5.64 所示。

（2）【定向】控制纸张的垂直与水平之间的位置；【纸张】控制图像的不透明程度；【颜色】控制卷曲色与背景色之间的对比度。

（3）单击【确定】按钮，图案的【卷页】滤镜效果如图 1.5.65 所示。

图 1.5.64 【卷页】对话框　　　　　图 1.5.65 图案的【卷页】效果

4）炭笔画效果

添加【炭笔画】滤镜类似于在纸张背景色上重绘图像，图像的主要边缘用粗线绘制，图像的灰色调用细线条描绘，可以按下面的方法进行操作：

（1）选择菜单栏中的【位图】|【艺术笔触】|【炭笔画】命令，弹出【炭笔画】对话框，如图1.5.66所示。

（2）【大小】控制图像的细腻程度；【边缘】控制炭笔涂抹的厚度。

（3）单击【确定】按钮，图案的【炭笔画】效果如图1.5.67所示。

图 1.5.66　【炭笔画】对话框　　　　　图 1.5.67　图案的【炭笔画】效果

5）印象派效果

添加【印象派】滤镜是使图形颜色向背景色上扩散，产生类似于半固体颜料的效果，可以按下面的方法进行操作：

（1）选择菜单栏中的【位图】|【艺术笔触】|【印象派】命令，弹出【印象派】对话框，如图1.5.68所示。

（2）【笔触】控制颜色的模糊程度；【色块】控制网点的密度变化。

（3）单击【确定】按钮，图案的【印象派】效果如图1.5.69所示。

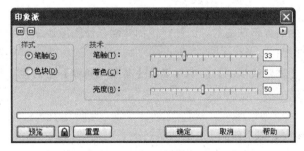
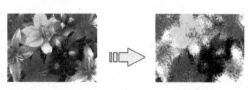

图 1.5.68　【印象派】对话框　　　　　图 1.5.69　图案的【印象派】效果

6）木版画效果

【木版画】滤镜可使图形产生立体石膏图像效果，较暗区域上升，较亮区域下沉，可以按下面的方法进行操作：

（1）选择菜单栏中的【位图】|【艺术笔触】|【木版画】命令，弹出【木版画】对话框，如图1.5.70所示。

（2）【密度】控制图像颗粒密度，该值越小，背景色占的份额越大，该值越大，前景色占的份额越大；【大小】控制图像的颗粒大小程度；【白色】控制图像的黑白效果。

（3）单击【确定】按钮，图案的【木版画】效果如图1.5.71所示。

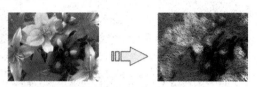

图 1.5.70 【木版画】对话框   图 1.5.71 图案的【木版画】效果

7）水彩画效果

添加【水彩画】滤镜是模仿在潮湿的纤维上作画的效果，可以按下面的方法进行操作：

（1）选择菜单栏中的【位图】|【艺术笔触】|【水彩画】命令，弹出【水彩画】对话框，如图 1.5.72 所示。

（2）【画刷大小】控制扩散程度；【粒状】控制图像色彩密度；【水量】控制图像对比度。

（3）单击【确定】按钮，图案的【水彩画】效果如图 1.5.73 所示。

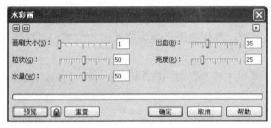

图 1.5.72 【水彩画】对话框   图 1.5.73 图案的【水彩画】效果

8）高斯式模糊效果

【高斯式模糊】滤镜可以通过控制模糊半径的数值快速对选区进行模糊处理，使图像边缘产生轻微柔化的雾化效果，可以按下面的方法进行添加：

（1）选择菜单栏中【位图】|【模糊】|【高斯式模糊】命令，弹出【高斯式模糊】对话框，如图 1.5.74 所示。

（2）【半径】控制模糊程度。

（3）单击【确定】按钮，图案的【高斯式模糊】效果如图 1.5.75 所示。

图 1.5.74 【高斯式模糊】对话框   图 1.5.75 图案的【高斯式模糊】效果

9）动态模糊效果

【动态模糊】滤镜可产生类似用过长的曝光时间给快速运动的物体拍照的效果，可以按下面的方法进行添加：

（1）选择菜单栏中的【位图】|【模糊】|【动态模糊】命令，弹出【动态模糊】对话框，如图 1.5.76 所示。

（2）【间隔】控制模糊的强度；【方向】控制动态模糊的方向。

（3）单击【确定】按钮，图案的【动态模糊】效果如图 1.5.77 所示。

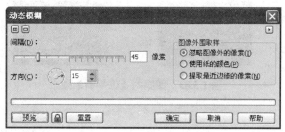
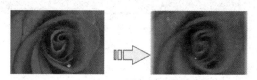

图 1.5.76　【动态模糊】对话框　　　　　　图 1.5.77　图案的动态模糊效果

10）放射状模糊效果

【放射状模糊】滤镜模拟前后移动相机或旋转相机产生的模糊效果，可以按下面的方法进行添加：

（1）选择菜单栏中的【位图】｜【模糊】｜【放射状模糊】命令，弹出【放射状模糊】对话框，如图 1.5.78 所示。

（2）【数量】控制旋转模糊的强度。

（3）单击【确定】按钮，图案的【放射状模糊】效果如图 1.5.79 所示。

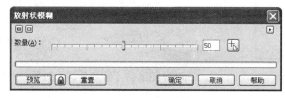

图 1.5.78　【放射状模糊】对话框　　　　　图 1.5.79　图案的【放射状模糊】效果

11）缩放效果

【缩放】滤镜可以按下面的方法进行添加：

（1）选择菜单栏中的【位图】｜【模糊】｜【缩放】命令，弹出【缩放】对话框，如图 1.5.80 所示。

（2）【数量】表示进一步缩放。

（3）单击【确定】按钮，图案的【缩放】效果如图 1.5.81 所示。

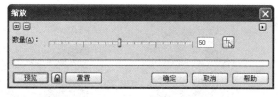

图 1.5.80　【缩放】对话框　　　　　　　图 1.5.81　图案的【缩放】效果

12）位平面效果

【位平面】滤镜用来对图像进行更为精确且可控的模糊处理，以减少图像中多余的边缘，可以按下面的方法进行操作：

（1）选择菜单栏中的【位图】｜【颜色转换】｜【位平面】命令，弹出【位平面】对话框，如图1.5.82所示。

（2）【红】【绿】【蓝】表示 3 种不同的色彩模式。

（3）单击【确定】按钮，图案的【位平面】效果如图 1.5.83 所示。

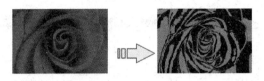

图 1.5.82　【位平面】对话框　　　　　图 1.5.83　图案的【位平面】效果

13）梦幻色调效果

添加【梦幻色调】滤镜类似于用点、线条或笔画重新生成图像，同时图像的颜色变成饱和，可以按下面的方法进行操作：

（1）选择菜单栏中的【位图】|【颜色转换】|【梦幻色调】命令，弹出【梦幻色调】对话框，如图 1.5.84 所示。

（2）【层次】控制色彩的渐变效果。

（3）单击【确定】按钮，图案的【梦幻色调】效果如图 1.5.85 所示。

图 1.5.84　【梦幻色调】对话框　　　　图 1.5.85　图案的【梦幻色调】效果

14）边缘检测效果

【边缘检测】滤镜用来寻找颜色过渡边缘，并围绕边缘勾画出较细较浅的线条，可以按下面的方法进行添加：

（1）选择菜单栏中的【位图】|【轮廓图】|【边缘检测】命令，弹出【边缘检测】对话框，如图 1.5.86 所示。

（2）【背景色】控制图像背景的颜色；【灵敏度】控制搜寻颜色边缘的强度。

（3）单击【确定】按钮，图案的【边缘检测】效果如图 1.5.87 所示。

图 1.5.86　【边缘检测】对话框　　　　图 1.5.87　图案的【边缘检测】效果

15）查找边缘效果

【查找边缘】滤镜用来查找图像中有明显区别的颜色边缘并加以强调，可以按下面的方法进行添加：

（1）选择菜单栏中的【位图】|【轮廓图】|【查找边缘】命令，弹出【查找边缘】对话框，如图 1.5.88 所示。

（2）【层次】控制搜寻颜色的边缘强度。

（3）单击【确定】按钮，图案的【查找边缘】效果如图 1.5.89 所示。

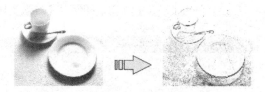

图 1.5.88 【查找边缘】对话框   图 1.5.89   图案的【查找边缘】效果

16）工艺效果

【工艺】滤镜模仿粗糙的效果，会使图像上形成许多纹理，可以按下面的方法进行添加：

（1）选择菜单栏中的【位图】|【创造性】|【工艺】命令，弹出【工艺】对话框，如图 1.5.90 所示。

（2）【大小】控制纹理的尺寸；【完成】控制纹理的深度；【亮度】控制纹理的亮度；【旋转】控制纹理的旋转方向。

（3）单击【确定】按钮，图案的【工艺】效果如图 1.5.91 所示。

图 1.5.90 【工艺】对话框   图 1.5.91   图案的【工艺】效果

17）晶体化效果

【晶体化】滤镜是将随机图像分割成若干形状的小块，并在小块之间增加深色的缝隙，可以按下面的方法进行添加：

（1）选择菜单栏中的【位图】|【创造性】|【晶体化】命令，弹出【晶体化】对话框，如图 1.5.92 所示。

（2）【大小】控制马赛克的大小。

（3）单击【确定】按钮，图案的【晶体化】效果如图 1.5.93 所示。

图 1.5.92 【晶体化】对话框   图 1.5.93   图案的【晶体化】效果

18）旋涡效果

使用【旋涡】滤镜在画布上进行涂抹，可使图像产生模糊的效果，可以按下面的方法进行操作：

（1）选择菜单栏中的【位图】|【创造性】|【旋涡】命令，弹出【旋涡】对话框，如图 1.5.94 所示。

（2）【样式】控制工具的类型，包括【笔刷效果】【层次效果】【粗体】【细体】样式，使用不同的工具可以得到不同的效果；【粗细】控制画笔的尺寸大小；【内部方向】和【外部方向】控制图像纹理的旋转方向。

（3）单击【确定】按钮，图案的【旋涡】效果如图 1.5.95 所示。

图 1.5.94 【旋涡】对话框

图 1.5.95 图案的【旋涡】效果

19）彩色玻璃效果

【彩色玻璃】滤镜产生的效果，就像在图像上方盖了一层玻璃。玻璃滤镜完全模拟杂色玻璃的效果，添加后图像中的许多细节将丢失。可以按下面的方法进行添加：

（1）选择菜单栏中的【位图】|【创造性】|【彩色玻璃】命令，弹出【彩色玻璃】对话框，如图 1.5.96 所示。

（2）【大小】控制每一个单元格的大小比例；【光源强度】控制光照强度；【焊接宽度】控制边框粗细；【焊接颜色】控制边框色彩。

（3）单击【确定】按钮，图案的【彩色玻璃】效果如图 1.5.97 所示。

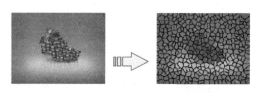

图 1.5.96 【彩色玻璃】对话框

图 1.5.97 图案的【彩色玻璃】效果

20）天气效果

【天气】滤镜可将图像分解为随机的点，产生点画作品的效果，可以按下面的方法进行添加：

（1）选择菜单栏中的【位图】|【创造性】|【天气】命令，弹出【天气】对话框，如图 1.5.98 所示。

（2）【预报】包含雪、雨、雾三种天气变化；【浓度】控制雪、雨、雾的大小程度；【大小】控制图像的变化面积。

（3）单击【确定】按钮，图案的【天气】效果如图 1.5.99 所示。

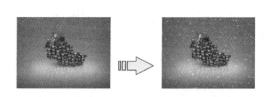

图 1.5.98 【天气】对话框

图 1.5.99 图案的【天气】效果

21）块状效果

【块状】滤镜将图像分割成许多方形的小贴块，每一个小贴块都有侧移，可以按下面的方法进行添加：

（1）选择菜单栏中的【位图】|【扭曲】|【块状】命令，弹出【块状】对话框，如图1.5.100所示。

（2）【块宽度】控制图像每纵列中最小的拼贴数目；【块高度】控制图像每横列中最小的拼贴数目；【最大偏移】控制每个拼贴最大的侧移距离。

（3）单击【确定】按钮，图案的【块状】效果如图1.5.101所示。

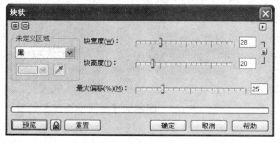

图 1.5.100　【块状】对话框

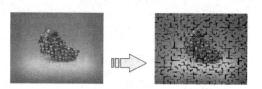

图 1.5.101　图案的【块状】效果

22）湿笔画效果

添加【湿笔画】滤镜类似于按照一定角度为图像喷颜料，可以按下面的方法进行操作：

（1）选择菜单栏中的【位图】|【扭曲】|【湿笔画】命令，弹出【湿笔画】对话框，如图1.5.102所示。

（2）【润湿】控制线条长度、喷射颜料的剧烈程度；【百分比】控制图形的比例。

（3）单击【确定】按钮，图案的【湿笔画】效果如图1.5.103所示。

图 1.5.102　【湿笔画】对话框

图 1.5.103　图案的【湿笔画】效果

23）添加杂点效果

【添加杂点】滤镜可以消除色带或使过渡修饰的区域看起来更加真实，可以按下面的方法进行添加：

（1）选择菜单栏中的【位图】|【杂点】|【添加杂点】命令，弹出【添加杂点】对话框，如图1.5.104所示。

（2）【杂点类型】控制产生杂点的类型；【层次】控制产生杂点的大小；【密度】控制杂点的数量。

（3）单击【确定】按钮，图案的【添加杂点】效果如图1.5.105所示。

图 1.5.104　【添加杂点】对话框

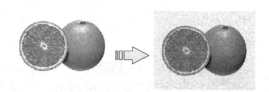

图 1.5.105　图案的【添加杂点】效果

24）高通滤波器效果

【高通滤波器】滤镜是使相近的颜色以单一的颜色代替并加上粗糙的颜色边缘，产生粗糙的壁画效果，可以按下面的方法进行添加：

（1）选择菜单栏中的【位图】｜【鲜明化】｜【高通滤波器】命令，弹出【高通滤波器】对话框，如图 1.5.106 所示。

（2）【百分比】控制过渡区域产生纹理的清晰程度；【半径】控制画笔的尺寸大小和细腻程度。

（3）单击【确定】按钮，图案的【高通滤波器】效果如图 1.5.107 所示。

图 1.5.106 【高通滤波器】对话框

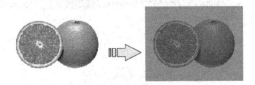

图 1.5.107 图案的【高通滤波器】效果

※ 5.4 图形填充与位图编辑应用实例

5.4.1 任务 1——绘制蜜蜂

（1）使用工具箱中的【椭圆形工具】，绘制 2 个椭圆形作为眼睛，如图 1.5.108 所示。

（2）选中绘制好的眼睛为其填充颜色，单击工具箱中的【渐变填充】按钮，弹出【渐变填充】对话框，设置各项参数，如图 1.5.109 所示。单击【确定】按钮，填充效果如图 1.5.110 所示。

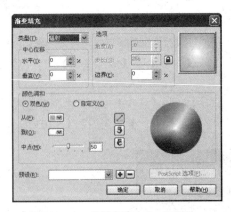

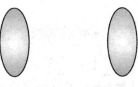

图 1.5.108 绘制眼睛　　　图 1.5.109 【渐变填充】对话框　　　图 1.5.110 眼睛填充效果

（3）单击工具箱中的【椭圆形工具】按钮，绘制一个椭圆形作为头部，如图 1.5.111 所示。单击工具箱中的【渐变填充】按钮，弹出【渐变填充】对话框，设置各项参数，如图 1.5.112 所示。单击【确定】按钮，填充效果如图 1.5.113 所示。

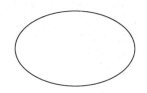

图 1.5.111　绘制头部

图 1.5.112　【渐变填充】对话框

图 1.5.113　头部填充效果

（4）单击工具箱中的【椭圆形工具】按钮，绘制 2 个圆形作为身体，如图 1.5.114 所示。

（5）选中绘制好的身体图形，选择属性栏中的【焊接】命令，将图形焊接为一个整体，单击工具箱中的【图样填充】按钮，在弹出的【图样填充】对话框中设置图样选项，如图 1.5.115 所示。单击【确定】按钮，完成后效果如图 1.5.116 所示。

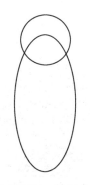

图 1.5.114　绘制身体

图 1.5.115　【图样填充】对话框

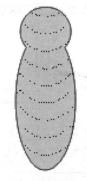

图 1.5.116　身体填充效果

（6）单击工具箱中的【贝塞尔工具】按钮，绘制须子，在属性栏中设置轮廓宽度为 1.5mm，选中图形并复制一个，单击【水平镜像】按钮，完成后效果如图 1.5.117 所示。

（7）单击工具箱中的【钢笔工具】按钮，绘制翅膀一侧图形，单击工具箱中的【图样填充】按钮，弹出【图样填充】对话框，设置图样选项，如图 1.5.118 所示。单击【确定】按钮，完成后效果如图 1.5.119 所示。

图 1.5.117　须子效果

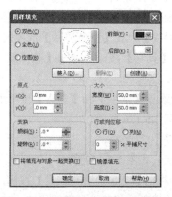

图 1.5.118　【图样填充】对话框

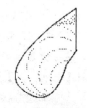

图 1.5.119　翅膀填充效果

（8）在属性栏中选择【水平镜像】命令，镜像出另一侧翅膀，如图 1.5.120 所示。

（9）将所有绘制好的部分组合成蜜蜂图案，如图 1.5.121 所示。

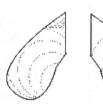

图 1.5.120　镜像另一侧翅膀　　　　图 1.5.121　组合出蜜蜂图案

（10）单击工具箱中的【椭圆形工具】按钮，按 Ctrl 键绘制一个正圆作为蜂巢，单击工具箱中的【PostScript 底纹】按钮，在弹出的【PostScript 底纹】对话框中设置底纹选项，如图 1.5.122 所示。单击【确定】按钮，完成后效果如图 1.5.123 所示。

（11）选中蜜蜂图案并复制几个，然后旋转到合适的角度及位置，完成后效果如图 1.5.124 所示。

图 1.5.122　【PostScript 底纹】对话框　　　图 1.5.123　蜂巢填充效果　　　图 1.5.124　完成蜜蜂效果

5.4.2　任务 2——绘制夏日风光图

（1）新建一个页面，单击属性栏中的【横向】按钮，将页面设置为横向。

（2）双击【矩形工具】按钮，生成一个和页面大小相同的矩形。

（3）单击工具箱中的【填充】按钮，在弹出的菜单中选择【渐变填充】命令，在弹出的【渐变填充】对话框中，设置填充类型为【射线】，在【颜色调和】选项区域中选择【自定义】渐变方式，在渐变色条上双击添加渐变色。单击【其它】按钮，弹出【选择颜色】对话框，从左到右设置渐变颜色 CMYK 值分别为（0，0，0，0）、（9，0，51，0）、（2，4，51，0）、（0，0，0，0）和（0，0，0，0），最后在【中心位移】面板设置【水平】和【垂直】位移为 −30、40，如图 1.5.125 所示。单击【确定】按钮，矩形填充效果如图 1.5.126 所示。

（4）按 + 键复制填充的矩形并填充为月光绿，向下拖动矩形上方的控制点缩小矩形，转换为曲线后使用【形状工具】调整出草地形状，如图 1.5.127 所示

（5）选中草地形状，单击工具箱中的【交互式填充工具】按钮，在弹出的菜单中选择【网状填充】命令，在网格点上填充不同深度的绿色，使草地具有起伏感，如图 1.5.128 所示。

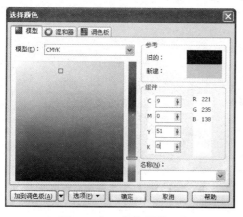

图 1.5.125　填充属性设置

图 1.5.126　填充效果

图 1.5.127　草地形状

图 1.5.128　交互式网状填充

（6）选择【文本】|【插入符号字符】命令，打开【插入字符】泊坞窗，在【字体】下拉菜单中选择【Webdings】，在【符号】列表框中选择小狗图案，单击【插入】按钮，如图 1.5.129 所示。

（7）选中小狗图案，单击工具箱中的【图样填充】按钮，在弹出的【图样填充】对话框中设置填充方式为【位图】，填充完成后效果如图 1.5.130 所示。

图 1.5.129　插入图案

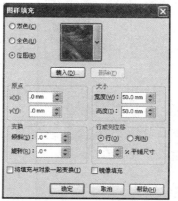

图 1.5.130　图样填充后效果

（8）将小狗图形移动到草地上，调整大小到合适的位置，如图 1.5.131 所示。

（9）选择【文件】|【导入】命令，导入前面制作的花盆图形文件，放置在草地上，如图1.5.132所示。

图1.5.131　移动图形

图1.5.132　导入花盆图形文件

（10）输入文字"Summer"，设置字体为【Brush Script std】，填充为白色。单击工具箱中的【轮廓工具】按钮，在弹出的菜单中选择【轮廓笔】命令，在弹出的【轮廓笔】对话框中，设置颜色为橘红、宽度为1.5mm。单击【确定】按钮，完成夏日风光图的绘制，如图1.5.133所示。

图1.5.133　完成的夏日风光图

5.4.3　任务3——绘制夜空背景

（1）新建一个页面，单击属性栏中的【横向】按钮，将页面设置为横向。

（2）双击【矩形工具】按钮，生成一个和页面大小相同的矩形。

（3）单击工具箱中的【渐变填充】按钮，在弹出的【渐变填充】对话框中，设置填充类型为【线性】，在【选项】区域中设置【角度】为 -90 度，在【颜色调和】选项区域中选择【自定义】渐变方式，在渐变色条上双击添加渐变色。单击【其它】按钮弹出【选择颜色】对话框，从左到右设置渐变颜色分别为黑色、20% 黑和40% 黑，如图1.5.134所示。单击【确定】按钮，完成后效果如图1.5.135所示。

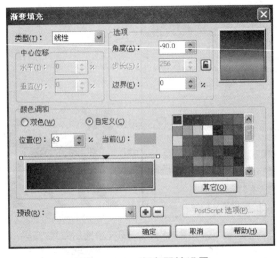

图1.5.134　渐变属性设置

图1.5.135　渐变填充效果

（4）选中渐变填充的矩形，按+键复制一个，单击工具箱中的【PostScript】按钮，在弹出的【PostScript 底纹】对话框中选择底纹选项为【星】，如图 1.5.136 所示。填充完成后效果如图 1.5.137 所示。

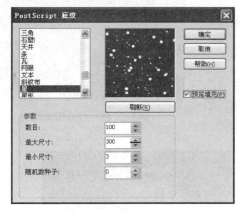

图 1.5.136　【PostScript 底纹】对话框

图 1.5.137　星空效果

（5）单击工具箱中的【交互式透明工具】按钮，给星空添加透明效果，产生由近及远的渐变效果，如图 1.5.138 所示。

（6）双击【矩形工具】按钮，创建一个和页面大小相同的矩形，向下拖动矩形上方的控制点缩小矩形，转换为曲线后，使用【形状工具】调整出山脉形状，如图 1.5.139 所示。

图 1.5.138　交互式透明效果

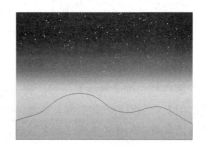

图 1.5.139　调整出山脉形状

（7）使用【渐变填充】工具，设置填充颜色为从 90% 黑到 40% 黑，角度为 30，轮廓色为无，如图 1.5.140 所示。填充完成后效果如图 1.5.141 所示。

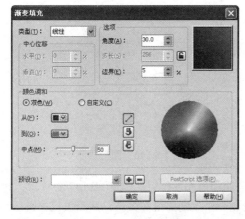

图 1.5.140　填充设置

图 1.5.141　山脉填充效果

（8）将山脉图形复制一个，使用【形状工具】调整形状，设置填充颜色为从 90% 黑到 50% 黑，角度为 30，如图 1.5.142 所示。

（9）复制刚才填充的图形，用【形状工具】改变其形状，设置填充颜色为从 90% 黑到 70% 黑，角度为 30，使山脉具有重叠和起伏感，如图 1.5.143 所示。

（10）再复制一个山脉图形，编辑形状后，设置填充颜色为从 100% 黑到 80% 黑，角度为 30，完成后效果如图 1.5.144 所示。

图 1.5.142 复制图形填充

图 1.5.143 山脉填充效果

图 1.5.144 最终效果

5.4.4 任务 4——绘制足球

（1）单击属性栏中的【横向】按钮，将页面设置为横向。选择【版面】|【页面背景】命令，在弹出的【选项】对话框中设置页面背景颜色为淡黄色。

（2）单击工具箱中的【多边形工具】按钮，在属性栏中设置边数为 6，按 Ctrl 键在页面中绘制一个正六边形，然后在属性栏中设置旋转角度为 90 度，如图 1.5.145 所示。

（3）选择【排列】|【变换】|【位置】命令，打开【变换】泊坞窗，然后对正六边形进行再制，再制完成后效果如图 1.5.146 所示。

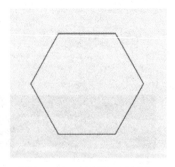

图 1.5.145 绘制正六边形

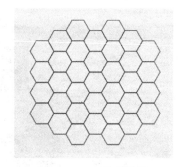

图 1.5.146 图形再制

（4）选择其中七个正多边形，填充为黑色，然后将所有图形群组，如图 1.5.147 所示。

（5）单击工具箱中的【椭圆形工具】按钮，绘制一个正圆并填充白色，然后放置在图层后面，如图 1.5.148 所示。

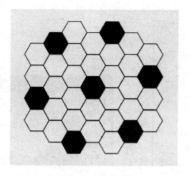

图 1.5.147　填充图形

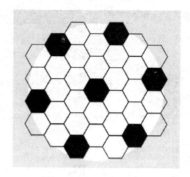

图 1.5.148　绘制正圆

（6）单击工具箱中的【矩形工具】按钮，绘制一个矩形，选择【窗口】|【泊坞窗】|【造形】命令，打开【造形】泊坞窗，设置保留原件为来源对象，用正圆修剪矩形，如图 1.5.149 所示。

（7）继续使用【修剪】工具，用刚才修剪生成的图形修剪多边形群组，结果如图 1.5.150 所示。

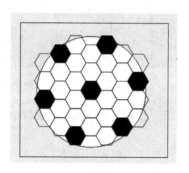

图 1.5.149　修剪矩形

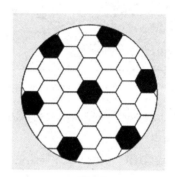

图 1.5.150　修剪多边形群组

（8）选中页面中白色的正圆，按 + 键复制一个，再按 Shift+PageUp 组合键将复制的正圆放置到图层前面，如图 1.5.151 所示。

（9）选择【效果】|【透镜】命令，在【透镜】泊坞窗的下拉列表中选择【鱼眼】，设置比率为 120%，使足球具有立体感。选中所有图形，按 Ctrl+G 组合键进行群组，完成足球的制作，如图 1.5.152 所示。

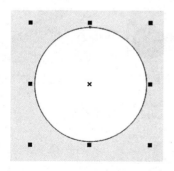

图 1.5.151　复制正圆

图 1.5.152　透镜效果

（10）选择【文件】|【导入】命令，在弹出的【导入】对话框中选择要导入的草地图，选择导入模式为【裁剪】，如图 1.5.153 所示。单击【导入】按钮后，在弹出的【裁剪对象】对话框中设置各项参数，如图 1.5.154 所示。

图 1.5.153 【导入】对话框　　　　**图 1.5.154 【裁剪图像】对话框**

（11）选中导入的位图，按 Shift+PageDown 组合键将图片置于图层后面，然后按 P 键将位图居中放置在页面中。

（12）锁定位图，将足球图形群组进行缩放，旋转一定角度，放置到草地上合适的位置，如图 1.5.155 所示。

（13）选中足球图形，单击工具箱中的【交互式阴影工具】按钮，在属性栏中的【预设】下拉列表中选择【左上透视图】选项，如图 1.5.156 所示。设置阴影完成后的效果如图 1.5.157 所示。

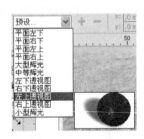

图 1.5.155　调整位置　　　　**图 1.5.156　阴影预设**　　　　**图 1.5.157　阴影效果**

（14）调整阴影的大小和方向，最终效果如图 1.5.158 所示。

图 1.5.158　最终效果

5.4.5　任务5——绘制雪景

（1）选择【工具】|【选项】命令，弹出【选项】对话框，如图 1.5.159 所示。

（2）在属性页面中设置页面方向横向、纸张大小为 A4，单击【确定】按钮。

（3）选择【文件】|【导入】命令，弹出【导入】对话框。选择【雪景 .jpg】文件，单击【导入】按钮，如图 1.5.160 所示。

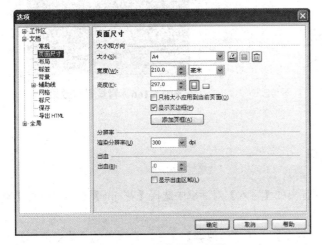

图 1.5.159　【选项】对话框

图 1.5.160　导入【雪景 .jpg】文件

（4）选择【位图】|【模糊】|【高斯式模糊】命令，在弹出的【高斯式模糊】对话框中设置半径为 1，如图 1.5.161 所示。单击【确定】按钮，设置完成后效果如图 1.5.162 所示。

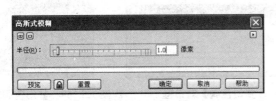

图 1.5.161　【高斯式模糊】对话框

图 1.5.162　添加高斯式模糊效果

（5）选中图片，选择【位图】|【创造性】|【天气】命令，在弹出的【天气】对话框中，设置浓度为 12、大小为 2，如图 1.5.163 所示。单击【确定】按钮，雪景效果如图 1.5.164 所示。

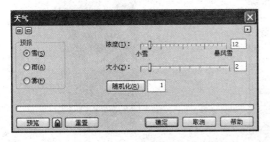

图 1.5.163　【天气】对话框

图 1.5.164　雪景效果

（6）单击工具箱的【文本工具】按钮，输入文字"雪中美景"，设置字体为幼圆、字号为70pt、颜色为红色、轮廓色为酒绿色，如图 1.5.165 所示。

（7）选中所有图形，选择【排列】|【群组】命令，雪景最终效果如图 1.5.166 所示。

图 1.5.165　文字效果

图 1.5.166　雪景最终效果

5.4.6　任务 6——制作卷页效果

（1）选择【文件】|【导入】命令，在弹出的【导入】对话框中选择【花 .jpg】文件，单击【导入】按钮，如图 1.5.167 所示。

（2）选中图片，选择【位图】|【颜色变换】|【梦幻色调】命令，在弹出的【梦幻色调】对话框中设置层次为 127，如图 1.5.168 所示。单击【确定】按钮，效果如图 1.5.169 所示。

图 1.5.167　导入文件

图 1.5.168　【梦幻色调】对话框

图 1.5.169　梦幻色调效果

（3）选中图片，选择【位图】|【创造性】|【框架】命令，在弹出的【框架】对话框中设置其参数，如图 1.5.170 所示。单击【确定】按钮，效果如图 1.5.171 所示。

图 1.5.170　【框架】对话框

图 1.5.171　框架效果

（4）选中图片，选择【位图】|【艺术笔触】|【木版画】命令，在弹出的【木版画】对话框中设置密度为 25、大小为 5，如图 1.5.172 所示。单击【确定】按钮，效果如图 1.5.173 所示。

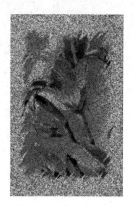

图 1.5.172　【木版画】对话框　　　　　图 1.5.173　木版画效果

（5）选择【位图】|【三维效果】|【卷页】命令，在弹出的【卷页】对话框中设置各项参数，如图 1.5.174 所示。单击【确定】按钮，最终效果如图 1.5.175 所示。

图 1.5.174　【卷页】对话框　　　　　图 1.5.175　最终效果

思考与练习

1．思考题

（1）透镜的种类有哪些？

（2）在菜单栏位图中有几类位图处理滤镜？

（3）填充类型包含哪几种类型？

（4）底纹填充是如何操作的？

2．练习题

（1）使用滤镜工具为图像制作放大、卷页效果。

练习要求：导入两幅图片，分别使用滤镜命令，完成放大（图 1.5.176）、卷页效果（图 1.5.177）。

图 1.5.176　放大效果

图 1.5.177　卷页效果

（2）使用 CorelDRAW X6 软件，制作各种图样填充效果。

练习规格：设置尺寸为宽 297mm× 高 210mm。

练习要求：完成绘制图形后，用不同的图样进行填充，如图 1.5.178 所示。

图 1.5.178　用不同的图样进行填充

情境教学 6
文本与图形处理

学习目标

1. 了解文本的属性栏设置；

2. 掌握文本的使用方法；

3. 理解信息面板应用；

4. 学会应用实例；

5. 懂得处理文本方法。

※ 6.1 文本工具的属性栏设置

6.1.1 任务1——文本的使用方法

1. 输入美术文本

在页面中加入美术文本，可以利用【文本工具】非常容易地实现，可以按下面的方法进行操作：

（1）单击工具箱中的【文本工具】按钮，显示【文本】属性栏，如图1.6.1所示。

图1.6.1 【文本】属性栏

（2）移动光标到工作区，在空白处单击，出现输入光标，在属性栏中设置字体、字号，即可输入美术文本，如图1.6.2所示。

图1.6.2 输入美术文本

2. 输入段落文本

段落文本是建立在美术字模式基础上的大块区域文本。输入段落文本可以使用CorelDRAW X6所具备的编辑排版功能来实现；也可以利用【文本工具】非常容易地实现。可以按下面的方法进行操作：

（1）单击工具箱中的【文本工具】按钮，显示【文本】属性栏。

（2）移动光标到工作区，单击拖动鼠标，出现一个段落文本框。

（3）在属性栏中设置字体、字号，即可输入段落文本，如图1.6.3所示。

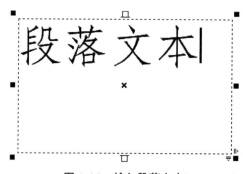

图1.6.3 输入段落文本

3. 美术文本与段落文本之间的转换

在创建一种文本类型后可以将其转换为另一种文本类型。美术文本与段落文本之间的转换可以按下面的方法进行操作：

（1）单击工具箱中的【文本工具】按钮，输入文字。

（2）单击工具箱中的【挑选工具】按钮，选中文字。

（3）右击文字，在弹出的快捷菜单中选择【转换到段落文本】命令，如图1.6.4所示。

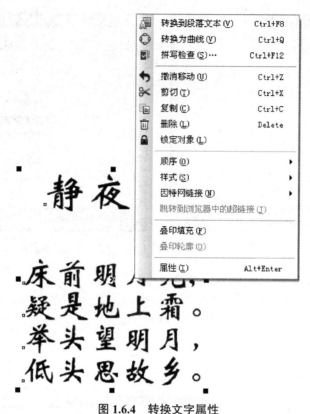

图 1.6.4　转换文字属性

4．水平文本与垂直文本之间的转换

水平文本与垂直文本之间的转换可以按下面的方法进行操作：

（1）单击工具箱中的【文本工具】按钮，输入文字。

（2）在属性栏中选择【将文本更改为垂直方向】和【将文本更改为水平方向】命令，效果如图 1.6.5 所示。

图 1.6.5　【将文本更改为垂直方向】和【将文本更改为水平方向】效果

5．贴入 Word 文本

人们一般习惯将 Word 内容一页页地粘到 CorelDRAW X6 中，但有时版面会变形，且如果页数过多，一页页粘贴很麻烦。使用另一种方法，不但不会使版面变形，还可一次将所有页面文本自动排入版面，可以按下面方法操作：

（1）单击工具箱中的【文本工具】按钮，在页面中框选出段落文本框。

（2）在属性栏中单击【编辑文本】按钮，弹出【编辑文本】对话框，如图 1.6.6 所示。

（3）将 Word 内容复制，切换到 CorelDRAW 软件中，在【编辑文本】对话框中右击，在弹出的快捷菜单中选择【粘贴】命令，如图 1.6.7 所示。

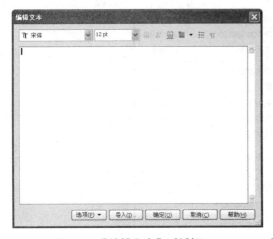
图 1.6.6 【编辑文本】对话框

图 1.6.7 在【编辑文本】对话框中选择【粘贴】命令

（4）在弹出的【导入 / 粘贴文本】对话框中设置选项，如图 1.6.8 所示

（5）单击【确定】按钮，文字将被粘贴到对话框中，通过上面选项可以设置文字样式、大小等参数，如图 1.6.9 所示。

（6）设置完成后，单击【确定】按钮，段落文本框中将显示相应的文字信息，如图 1.6.10 所示。

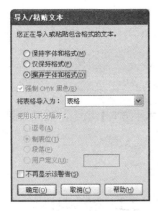
图 1.6.8 【导入 / 粘贴文本】
对话框

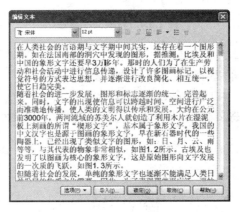
图 1.6.9 编辑文件格式

图 1.6.10 粘贴文字
效果

6. 段落文本与图形对象的结合

在创建文本框时，可以将文本嵌入图形中，变成形状文本框。可以按下面的方法进行操作：

（1）单击工具箱中的【椭圆形工具】按钮，绘制椭圆并选中。

（2）单击工具箱中的【文本工具】按钮，移动鼠标到椭圆轮廓处，将文本框对象嵌入选中的椭圆内部，输入文本，如图 1.6.11 所示。

将嵌入对象中的文本框打散，可以按下面的方法进行操作：

（1）单击工具箱中的【挑选工具】按钮，选中对象和文本框。

（2）选择【排列】|【打散路径内的段落文本】命令，可将嵌入对象中的文本框打散，效果如图 1.6.12 所示。

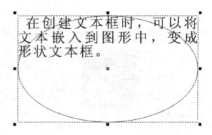

图 1.6.11　文本嵌入图形　　　　　图 1.6.12　将嵌入对象的文本框打散后效果

7. 文本绕图排列

在 CorelDRAW X6 中，不但能将符号库中的特殊符号插入文本中，还能将其他的图标及图形对象插入段落文本中进行图文混排。

完成图文混排，可以按下面的方法进行操作：

（1）新建或导入段落文本。

（2）单击工具箱中的【挑选工具】按钮，选择菜单栏中的【文件】|【导入】命令，弹出【导入】对话框，如图 1.6.13 所示。

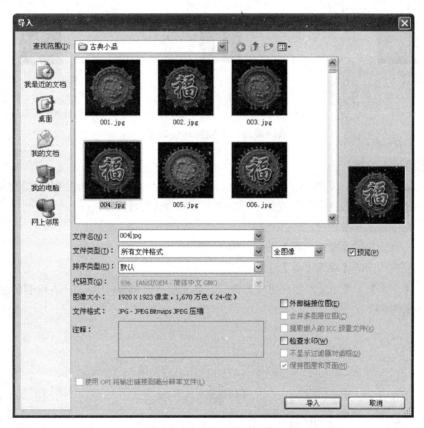

图 1.6.13　【导入】对话框

（3）选择要导入的图形，单击【导入】按钮，在文本适当位置单击为放置位置，此时可以看到图形所在位置的文本部分被覆盖，如图 1.6.14 所示。

（4）单击工具箱中的【挑选工具】按钮，选中图形后右击，在弹出的快捷菜单中选择【段落文本换行】命令，即可完成图文混排。此时可以看到，文本环绕在图形四周，如图 1.6.15 所示。

图 1.6.14 图形与段落文本　　　　　图 1.6.15 图文混排后的效果

（5）选中图形后，选择属性栏中的【段落文本换行】命令，在弹出的环绕类型列选框中，选择相应的环绕类型会产生不同的图文混排效果。调整【文本换行偏移】的数值，可以改变环绕时文本与图形之间的间隔距离，如图 1.6.16 所示。

图 1.6.16 不同的环绕效果

8. 沿路径输入文本

在 CorelDRAW X6 中，可以将美术字沿着指定的路径排列，从而得到特殊的文本效果。而且改变路径时，路径排列的文本也会随之改变。可以按下面的方法进行操作：

（1）在页面中绘制一条曲线。

（2）单击工具箱中的【文本工具】按钮，输入文字。

（3）单击工具箱中的【挑选工具】按钮，选中文字。

（4）选择【文本】|【使文本适合路径】命令，当光标变成 ➡ 形状时，在绘制的曲线上单击，完成后效果如图 1.6.17 所示。

图 1.6.17 【使文本适合路径】效果

（5）为了不使曲线路径影响文本排列的美观效果，可以选中路径曲线并按 Delete 键将其删除。

注意： CorelDRAW X6 可以使文本沿着某一开放或者封闭的路径来排列，这在一定程度上增强了图形的艺术效果，同时也丰富了文本的应用范围。

6.1.2　任务 2——文本的基本属性设置

1．设置字体、字号和颜色

设置文本字体是文本处理中最常见的一种修饰手法，能够得到特殊的效果。设置文本字体可以按下面的方法进行操作：

（1）单击工具箱中的【文本工具】按钮，在绘图区输入一段文字。

（2）选中要设置字体的文字。

（3）选择【文本】｜【字符格式化】命令，弹出【字符格式化】对话框，如图 1.6.18 所示。

（4）在对话框中可以设置字体、字号、下划线和对齐方式。设置完成后效果如图 1.6.19 所示。

图 1.6.18　【字符格式化】对话框

图 1.6.19　设置文字效果

2．设置文本格式

对于不同的版面，要求有不同的对齐方式，所以设置文本的对齐方式特别重要。设置文本的对齐方式，可以按下面的方法进行操作：

（1）单击工具箱中的【文本工具】按钮，在绘图区输入一段文字。

（2）选中要设置对齐方式的文字。

（3）选择【文本】｜【段落格式化】命令，弹出【段落格式化】对话框，如图 1.6.20 所示。

（4）在对话框中可以设置文本的对齐方式、间距、缩进量和文本方向。设置完成后效果如图 1.6.21 所示。

图 1.6.20　【段落格式化】对话框

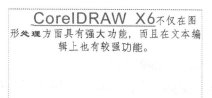

图 1.6.21　文字对齐方式

6.1.3 任务 3——链接文本

链接文本可以将文本框内容链接到另一个文本框，也可以链接文本框到别的图形，比如椭圆形、正方形等。

1. 链接两个文本框

链接两个文本框可以把一个文本框中溢出的文本转移到另一文本框中，可以按下面的方法进行操作：

（1）在页面中置入两个文本框，其中一个输入文字，且有溢出。

（2）单击文本框的下拉三角按钮。

（3）当光标变成文本框的形式时，拖动鼠标到另一文本框即可，如图 1.6.22 所示。

图 1.6.22　链接两个文本框

2. 文本链接转移

两个文本框进行链接之后，还可以和第三个文本框进行链接，实现文本框的转移。文本框转移可以按下面的方法进行操作。

（1）在页面中加入三个文本框，在一个文本框中输入字符并且有溢出。

（2）链接第一个文本框和第二个文本框。

（3）拖动鼠标使第一个文本框和第三个文本框链接，则第二个文本框中的文本转移到第三个文本框中，如图 1.6.23 所示。

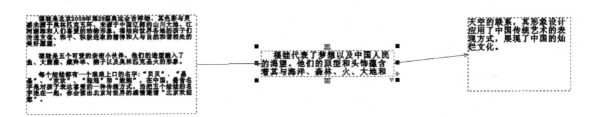

图 1.6.23　文本框的转移

3. 文本链接的解除

有时对文本框进行链接之后感觉效果不好，需要解除链接。可以按下面的方法进行操作：

（1）选择进行链接的第一个文本框，右击，在弹出的快捷菜单中选择【删除】命令。

（2）这样就解除了文本的链接，如图 1.6.24 所示。

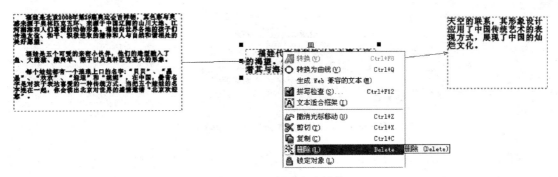

图 1.6.24　解除文本链接

6.1.4　任务 4——文本转换为曲线

在 CorelDRAW X6 中，除了能将美术字转换为曲线图形对象外，还可以将段落文本转换成曲线，即段落文本中的每个字符都能转换成单独的曲线图形对象。将段落文本转换为曲线，不但能保留字体原来的形状和解决字体替代的问题，还能应用多种多样的特殊效果。段落文本转换为曲线可以按下面的方法进行操作：

（1）单击工具箱中的【挑选工具】按钮，选定需要转换的段落文本，如图 1.6.25 所示。

（2）右击文本，在弹出的快捷菜单中选择【转换为曲线】命令或按 Ctrl+Q 快捷键，可将选中的段落文本转换为曲线；同时可以进行变换处理，如图 1.6.26 所示。

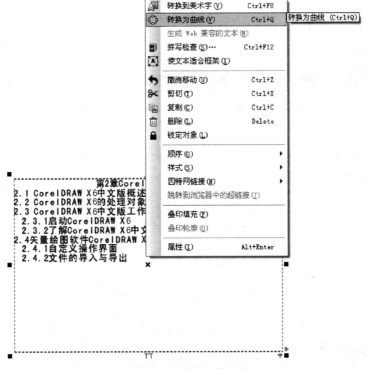

图 1.6.25　选定段落文本

图 1.6.26　将段落文本转换为曲线效果

注意： 要转换为曲线的段落文本的字符数量不要过大（最好不要超过 5 000 个字符），以保证文件的合理大小。

6.1.5　任务 5——美术字和段落文本调整

在 CorelDRAW X6 中有两种文字，一种是美术字，另一种是段落文本。事实上，美术字是对象的一种，而段落文本才是真正的文字。只是美术字的创建，也必须用到【文字工具】。下面通过具体实例进行讲述。

（1）单击工具箱中的【文本工具】按钮，在绘图区输入文字"美术字"，如图 1.6.27 所示。

图 1.6.27　输入文字

（2）单击文字，显示【文本】属性栏，在属性栏右侧可设置一些（如【对齐】【缩进】）常用的属性，如图 1.6.28 所示。

图 1.6.28　【文本】属性栏

（3）将文字填充红色，单击工具箱中的【形状工具】按钮，然后单击文字下方的控制点可以调整文字的间距，如图 1.6.29 所示。

图 1.6.29　调整字体间距效果

（4）处理透视，制作阴影。选择【效果】|【新增透视点】命令，会出现红色的虚线网格，并且四周有四个黑色的控制点，如图 1.6.30 所示。

（5）拖动控制点，就可以拉出透视效果。做出透视效果之后，右击或选择其他工具可退出该状态，如图 1.6.31 所示。

（6）单击工具箱中的【交互式阴影工具】按钮，在文字上拖动添加阴影效果，如图 1.6.32 所示。

图 1.6.30　添加控制点　　　图 1.6.31　调整控制点　　　图 1.6.32　添加阴影效果

（7）单击工具箱中的【文本工具】按钮，在绘图区输入一段文字。

（8）在属性栏中单击【字符格式化】按钮或按 Ctrl+T 快捷键，在弹出的【字符格式化】对话框中设置字体、字号、下划线和对齐方式，如图 1.6.33 所示

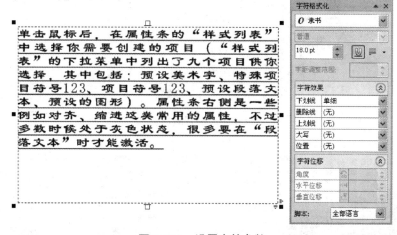

图 1.6.33　设置字符参数

（9）选择【文本】|【段落格式化】命令，在弹出的【段落格式化】对话框中设置文本的对齐方式、间距、缩进量和文本方向。设置完成后效果如图 1.6.34 所示。

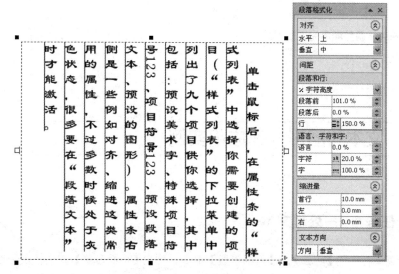

图 1.6.34　设置段落参数

（10）选择段落文本并右击，在弹出的快捷菜单中选择【顺序】|【到页面后面】命令，如图 1.6.35 所示，将段落文本放置到后面，如图 1.6.36 所示。

（11）选择段落文本，将其颜色更改为 15% 的黑，如图 1.6.37 所示。

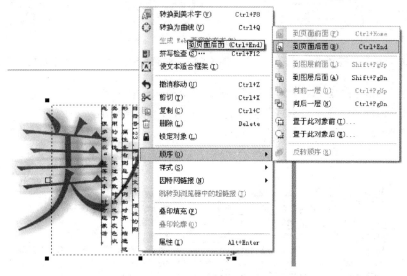

图 1.6.35　设置顺序选项

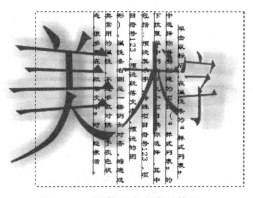

图 1.6.36　调整顺序完成后效果

图 1.6.37　更改颜色完成效果

※ 6.2　文本与图形处理应用实例

6.2.1　任务 1——处理文本

（1）选择菜单栏中的【版面】|【页面设置】命令，弹出【页面设置】对话框，设置页面为横向，单击【确定】按钮，如图 1.6.38 所示。

（2）使用工具箱中的【文本工具】，输入一段段落文本，标题文字设置为隶书、字号 36，段落文字设置字体为华文新魏、字号为 24，如图 1.6.39 所示。

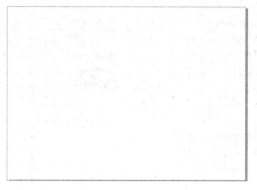

图 1.6.38　页面设置　　　　　　　　　　　　图 1.6.39　输入段落文本

（3）选择【文本】|【栏】命令，在弹出的【栏设置】对话框中设置栏数为 2，如图 1.6.40 所示。单击【确定】按钮，如图 1.6.41 所示。

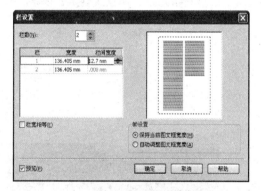

图 1.6.40　【栏设置】对话框

图 1.6.41　分栏效果

（4）选中文本，选择属性栏中的【显示/隐藏首字下沉】按钮，如图 1.6.42 所示。

（5）选择【文件】|【导入】命令，导入两幅图片并放置在合适位置，如图 1.6.43 所示。

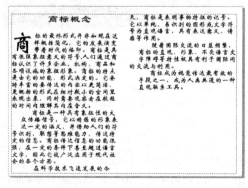

图 1.6.42　首字下沉效果

图 1.6.43　导入两幅图片

（6）选中图片，选择属性栏中的【段落文本换行】|【跨式文本】命令，如图 1.6.44 所示，完成后效果如图 1.6.45 所示。

图 1.6.44 选择【跨式文本】命令

图 1.6.45 图片【跨式文本】效果

（7）双击【矩形工具】按钮，创建一个与页面一样大小的矩形，单击工具箱中的【底纹填充】按钮，在弹出的【底纹填充】对话框中设置各项参数，如图 1.6.46 所示。单击【确定】按钮，完成后效果如图 1.6.47 所示。

图 1.6.46 【底纹填充】对话框

图 1.6.47 最终效果

6.2.2 任务 2 ——制作路径文本

（1）选择【文件】|【导入】命令，导入一幅图片，如图 1.6.48 所示。

（2）使用工具箱中的【文本工具】，输入文字"轻松"，设置字体为方正姚体、字号为 150，为文字进行由青到白的渐变填充，填充类型为【线性】，如图 1.6.49 所示。

（3）使用工具箱中的【箭头形状工具】，绘制图形，在属性栏中选择箭头样式，如图 1.6.50 所示。填充黄色，效果如图 1.6.51 所示。

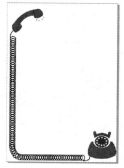

图 1.6.48　导入图片

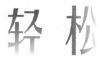

轻 松

图 1.6.49　输入文字

.2 mm

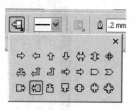

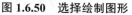

图 1.6.50　选择绘制图形

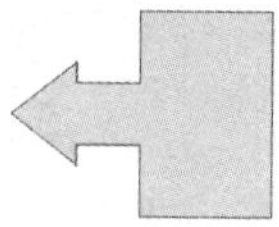

图 1.6.51　绘制效果

（4）在属性栏中选择【将文本更改为垂直方向】命令，单击工具箱中的【文本工具】按钮，输入文字“获得”，设置字体为方正姚体、字号为 72，效果如图 1.6.52 所示。

（5）在属性栏中选择【将文本更改为水平方向】命令，输入文字“好人缘”，设置字体为方正姚体、字号为 100，为文字进行由橘红到白的渐变填充，填充类型为【线性】，效果如图 1.6.53 所示。

（6）选择工具箱中的【文本工具】，输入文本，设置字体为华文行楷、字号为 36，如图 1.6.54 所示。

（7）单击工具箱中的【贝塞尔工具】按钮，绘制一条曲线，如图 1.6.55 所示。

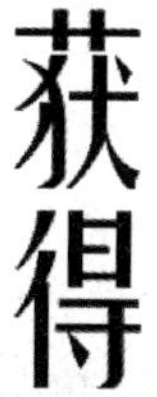

获
得

图 1.6.52　输入文字“获得”

好人缘

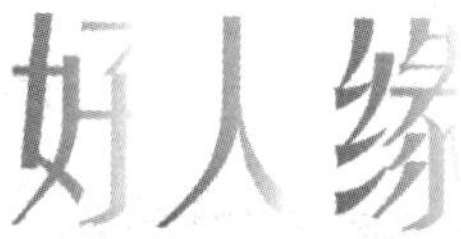

图 1.6.53　输入文字“好人缘”

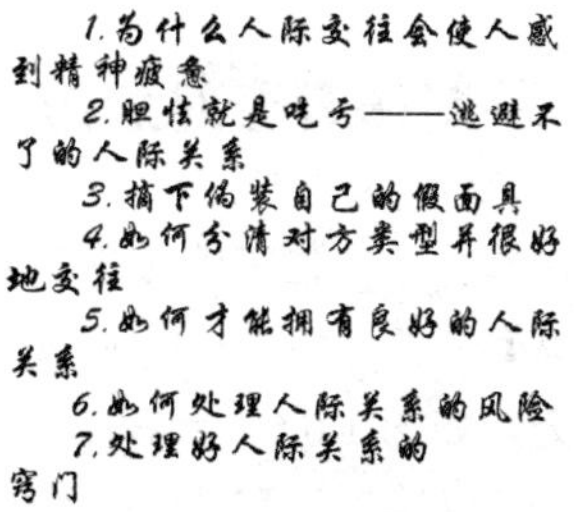

1.为什么人际交往会使人感
到精神疲惫
2.胆怯就是吃亏——逃避不
了的人际关系
3.摘下伪装自己的假面具
4.如何分清对方类型并很好
地交往
5.如何才能拥有良好的人际
关系
6.如何处理人际关系的风险
7.处理好人际关系的
窍门

图 1.6.54　输入文本

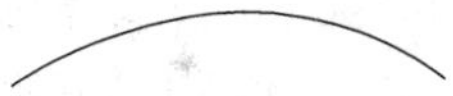

图 1.6.55　绘制一条曲线

（8）单击工具箱中的【文本工具】按钮，输入文字“用心传递”，设置字体为黑体、字号为 24，填充颜色为蓝色，如图 1.6.56 所示。

（9）选中“用心传递”文字，选择【文本】|【使文本适合路径】命令，将光标移向曲线，如图 1.6.57 所示。选中曲线后按 Delete 键删除，完成后效果如图 1.6.58 所示。

用心传递

图 1.6.56　输入文字“用心传递”

用心传递

图 1.6.57　使文本适合路径

用心传递

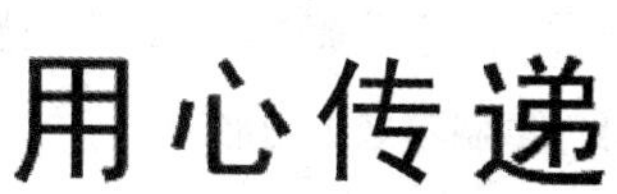

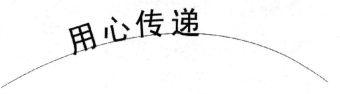

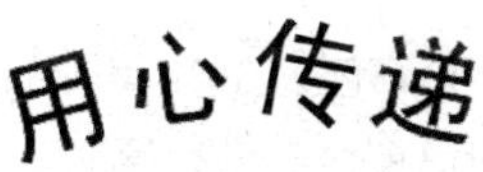

图 1.6.58　删除曲线

（10）调整图形及文字到合适位置，完成后效果如图 1.6.59 所示。

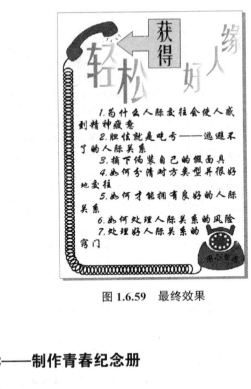

图 1.6.59 最终效果

6.2.3 任务 3——制作青春纪念册

（1）新建一个页面，单击属性栏中的【横向】按钮，将页面设置为横向。

（2）双击【矩形工具】按钮，创建一个和页面大小相同的矩形，设置填充颜色 CMYK 值为（15，0，90，0）、轮廓色为无，如图 1.6.60 所示。

（3）单击工具箱中的【钢笔工具】按钮，绘制不规则图形，设置填充颜色为白色、轮廓色为无，然后复制一个，将两个图形群组，如图 1.6.61 所示。

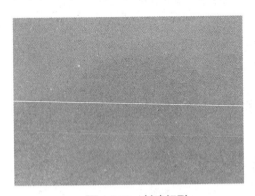

图 1.6.60 创建矩形

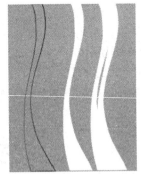

图 1.6.61 绘制不规则图形

（4）单击工具箱中的【交互式透明工具】按钮，设置不规则图形的不透明度，然后复制一组并对称放置，如图 1.6.62 所示。

（5）绘制一个正圆填充白色，设置轮廓色为 30% 黑，放置在页面左上角。选择【排列】|【变换】|【位置】命令，使用【变换】泊坞窗对其进行复制，制作出纪念册页面左侧的挖空效果，如图 1.6.63 所示。

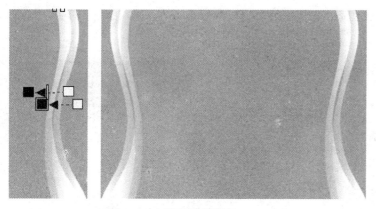

图 1.6.62　改变不透明度

图 1.6.63　复制正圆

（6）选择【文本】|【插入符号字符】命令，打开【插入字符】泊坞窗，在【字体】下拉列表中选择【Webdings】，在符号列表框中选择心形图案后单击【插入】按钮，在页面中插入心形图案，如图 1.6.64 所示。

（7）为心形填充白色，设置轮廓色为无，旋转一定角度后，复制一个并进行缩放，如图 1.6.65 所示。

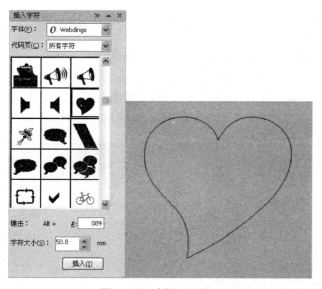

图 1.6.64　插入心形

图 1.6.65　填充心形

（8）单击工具箱中的【交互式阴影工具】按钮，分别为两个心形添加阴影，在属性栏中设置阴影颜色为绿色［CMYK 值为（40，0，100，0）］，如图 1.6.66 所示。

（9）单击工具箱中的【星形工具】按钮，在属性栏中设置多边形的边数为 4、锐度为 90，绘制星形后，在属性栏中设置旋转角度为 45 度，填充白色，复制若干个并随意放置在页面中，然后将所有星形进行群组，如图 1.6.67 所示。

（10）单击工具箱中的【文字工具】按钮，输入文字"青春纪念册"，在属性栏中设置字体样式为【迷你简雀翎】、大小为 48pt、填充颜色为秋菊红、轮廓色为白黄色、轮廓宽度为 0.75mm，移动到页面上方，如图 1.6.68 所示。

（11）单击工具箱中的【钢笔工具】按钮，在页面左上角绘制一条曲线，单击【文本工具】按钮，将鼠标放在曲线上,当指针形状改变时单击,输入文字"Friendship",输入的文字沿曲线排列,如图 1.6.69 所示。

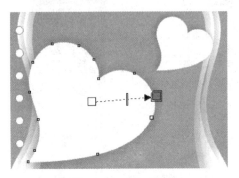

图 1.6.66 添加阴影

图 1.6.67 绘制星形

图 1.6.68 输入文字

图 1.6.69 输入的文字沿曲线排列

(12)设置"Friendship"字体样式为【Tekton ProCond】、大小为 36pt、填充颜色为淡黄色、轮廓色 CMYK 值为(12,0,90,0),选中控制曲线,按 Delete 键删除,如图 1.6.70 所示。

(13)单击工具箱中的【文本工具】按钮,输入个人相关文字信息放置在大的心形上。然后按行改变字体颜色分别为月光绿、冰蓝和热带粉,字体样式为【迷你简雀翎】,如图 1.6.71 所示。

图 1.6.71 输入个人信息相关文字

图 1.6.70 文字效果

(14)单击工具箱中的【文本工具】按钮,输入文字"photo here",设置字体样式为【Giddyup Std】、颜色为浅橘红,旋转一定角度,如图 1.6.72 所示。

(15)单击工具箱中的【形状工具】按钮,单击文字"photo here"下方会出现一些控制点,拖动控制点使文字呈曲线状排列,如图 1.6.73 所示。然后将文字移动到小的心形上,如图 1.6.74 所示。

photo here

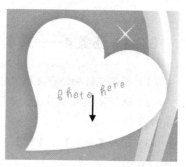

图 1.6.72 修改字体和颜色   图 1.6.73 编辑文字形状   图 1.6.74 移动文字

（16）单击工具箱中的【文本工具】按钮，在属性栏上单击【将文字更改为垂直方向】按钮，输入垂直文字"相逢是首歌，曾经的点滴记忆，谱写青春的华丽乐章"，改变字体颜色为白黄色，旋转一定角度，如图 1.6.75 所示。

（17）输入垂直文字"不变的友情，永恒的情谊"，单击工具箱中的【钢笔工具】按钮，沿页面右侧的不规则图形绘制一条曲线。

（18）选中文字，选择【文本】|【使文本适合路径】命令，此时文字跟随鼠标移动，在曲线上单击，则文字将沿曲线排列，设置字体样式为【经典繁粗变】、填充颜色为白色，如图 1.6.76 所示。

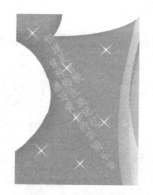

图 1.6.75 垂直文字

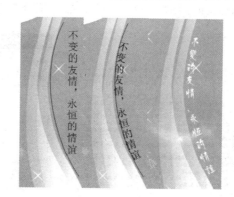

图 1.6.76 使文本适合路径

（19）在页面底部插入字符并输入文字"短暂的谢幕 是为了更精彩的开场"，设置字体颜色为黄色、字体样式为【迷你简橄榄】、大小为 18pt，如图 1.6.77 所示。

（20）放置在合适位置，完成青春纪念册的制作，如图 1.6.78 所示。

图 1.6.77 插入字符并输入文字

图 1.6.78 完成青春纪念册的制作

6.2.4　任务4——文本与位图的编辑 A

（1）新建文件后，在【属性栏】中进行设置，页面大小默认为 A4，方式为横向。

（2）选择工具箱中的【文本工具】，输入段落文本，设置字体为华文新魏、字号为 18pt，如图 1.6.79 所示。

（3）选择【文本】|【栏】|【栏设置】命令，弹出【栏设置】对话框，在栏数文本框中输入 2，如图 1.6.80 所示，设置完成后效果如图 1.6.81 所示。

（4）选择【文本】|【首字下沉】命令，弹出【首字下沉】对话框，如图 1.6.82 所示，设置完成后效果如图 1.6.83 所示。

（5）选择【文件】|【导入】命令，弹出【导入】对话框，导入两幅位图图片，如图 1.6.84 所示。

（6）选中图片，单击属性栏中的【段落文本换行】按钮右下角的下拉三角按钮，将弹出【文本绕图设置】菜单，选择【跨式文本】，如图 1.6.85 所示。

（7）选择工具箱中的【矩形工具】，绘制矩形，再单击工具箱中的【图样填充】按钮，在弹出的【图样填充】对话框中选中【位图】单选按钮，选择合适图案，图样填充对话框设置如图 1.6.86 所示。调整图形及文字到合适位置，最终效果如图 1.6.87 所示。

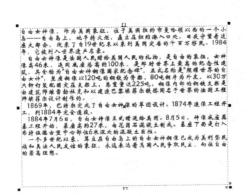

图 1.6.79　输入段落文本

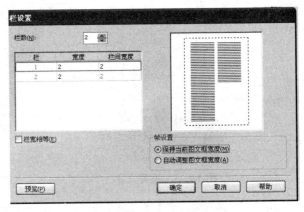

图 1.6.80　【栏设置】对话框

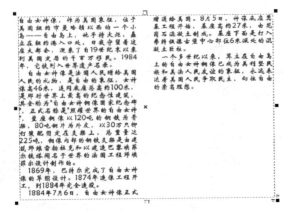

图 1.6.81　分栏效果

图 1.6.82　【首字下沉】对话框

图 1.6.83　首字下沉效果

图 1.6.84　导入的图片

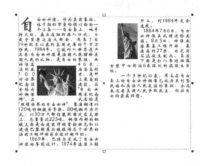

图 1.6.85　插入图片效果

图 1.6.86　【图样填充】对话框

图 1.6.87　最终效果图

6.2.5　任务 5——文本与位图的编辑 B

（1）新建文件后，设置页面大小为 A4，摆放方式为纵向。

（2）选择工具箱中的【椭圆形工具】，按 Ctrl 键绘制一个正圆，如图 1.6.88 所示。

（3）单击工具箱中的【图样填充】按钮，在弹出的【图样填充】对话框中选中【位图】单选按钮，选择合适图案，如图 1.6.89 所示。

（4）选择工具箱中的【文本工具】，将光标放在正圆外框上单击，输入文字"灿烂的阳光"，设置字体及字号并填充颜色为蓝色，如图 1.6.90 所示。

（5）选择工具箱中的【文本工具】，将光标放在正圆外框内侧，输入文字，并设置字体及文字大小，如图 1.6.91 所示。

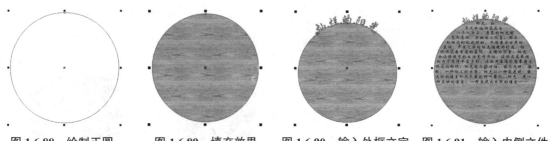

图 1.6.88　绘制正圆　　　图 1.6.89　填充效果　　　图 1.6.90　输入外框文字　　图 1.6.91　输入内侧文件

（6）选择【文件】|【导入】命令，弹出【导入】对话框，导入一幅位图图片，设置文本绕图类型为【跨式文本】，完成后效果如图 1.6.92 所示。

图 1.6.92　最终效果图

思考与练习

1．思考题

（1）简述在 CorelDRAW X6 中如何沿路径输入文本。

（2）简述如何设置 CorelDRAW X6 文本字体。

（3）简述如何操作多个文本之间的链接。

2．练习题

使用 CorelDRAW X6 软件，以自己熟悉的企业为题材，设计一幅宣传画。

练习规格：设置尺寸为长 297mm× 宽 210mm。

练习要求：创意新颖合理，色彩谐调，层次分明。文字安排上有主次，繁而不乱。

练习难点：宣传画要做到传达清楚、色彩明快、对比强烈。表现内容有条理，构图饱满而富有变化，编排有统一识别感，如图 1.6.93 所示。

图 1.6.93　宣传画

项目训练 1
图形创意设计

学习目标

1. 了解图形表现形式；
2. 掌握图形创意设计要求；
3. 理解图形设计变化规律；
4. 学会应用创意设计实例；
5. 懂得图形创意与色彩设计。

※ 1.1 训练1——图形创意设计理念

图形是一种介于文字和美术之间的视觉语言形式，具有说明性质。图形设计是指通过可视的设计形态，表达创造性意念的一种说明性的视觉符号，也就是把设计思想通过创意、造型转化为信息传达的载体，并通过印刷或媒体进行复制和传播的视觉形式（图2.1.1）。

1.1.1 图形设计表现形式

图形设计是一种艺术形式，它是实用美术、装饰美术、建筑美术、工业美术等方面关于形式、色彩、结构的预想设计，如图2.1.2所示，是在工艺、材料、经济、美观、牢固等条件制约下制成图样、模型、装饰等方案的统称，具有装饰性、趣味性、规律性的特点。

1.1.2 图形创意设计要求

若想设计好图形并使其有创意，首先要做的就是以创作为出发点，细致地观察自然万物，包括物体的形状、动态、色彩、构造和组织关系。

图形创意设计要求是指图形设计要遵循变化与统一的构成原理，条理与反复的组织原则，图形形式美的基本原则，以及动感与静感、均齐与平衡、对比与调和、节奏与韵律4种规律。

凭想象力设计图形，是一种非常自由的表现人们心愿和满足人们幻想的艺术表现形式，它不受时间、空间之间自然逻辑关系的制约，任凭想象来创作各种现实和非现实的形象。

1.1.3 图形创意设计中的美

图形的设计是通过对现实物象的认识，将其美的特征、形态通过艺术手段进行提炼和表现，使现实的事物变得更美，更引人注目，如图2.1.3所示。

设计师通过观察探索自然事物的规律得到美的法则进行图形设计，使其审美意识不断得到提升。

图形美的功能在于图形要表现客观事物的真实性，传达一定的情绪、气氛、格调和趣味，满足人们审美的需求。

图形美在审美意识中起着十分重要的作用。美不是孤立存在的，它与一切艺术都有着本质的联系。培养审美意识，对审美能

图 2.1.1 图形

图 2.1.2 图形设计

图 2.1.3 图形中的美

力和艺术作品设计有着重要的影响。设计师应利用最简单、最直观的认识方法、手段发现图形美，提高个人审美能力。

※ 1.2 训练 2——图形创意设计与色彩调配

1.2.1 素材收集

自然界中有丰富的设计素材，值得设计师认真观察和研究。

1. 动物图形

动物图形设计的重点是动物头部五官的形状与位置特征，以及颈、四肢、躯干、尾、爪、皮毛、斑纹的形状等。首先要了解动物的基本习性，这样在设计时会有一些"性格"方面的依据，如鸟的灵敏、虎的凶悍等。对不同动物的外形进行设计时，要夸张大的特征、舍去细部、强化独有形态和减弱共同特性。

2. 风景图形

风景图形包括山、水、树、房屋等。对于山的设计，可从外形上给予概括并从山脉的动势上给予强化。两种方法结合使用，可使山成为具有不同情感的风景图形。风景图形中建筑物的设计，一般都要保留原有的外形和组合关系这两大特征，而只是在比例和空间关系上加以变化，以使人产生不同的联想。

3. 人物图形

人物图形设计时，要有健康的情趣，不可做过于丑陋的描绘。五官、头发、身体的运动姿态要加以夸张变化。与动物图形不同，人物图形往往要比较抒情，相对来说也较为甜美。

1.2.2 图形设计变化规律

1. 抽象变形夸张设计

抽象变形夸张设计是指将图形本身的几何形式加以强化，使原来的方圆曲直更加规则化、几何化和装饰化。

2. 图形局部夸张设计

图形局部夸张设计用来达到特定的目的，舍弃其他不重要的细节，突出表现某一主要的特征，使整个画面达到言简意赅、主题鲜明的效果。

3. 图形形体夸张设计

图形形体夸张设计是突出夸大图形外形特征，省略局部或细节，使其更加趋向于流线、严整、壮丽、秀美，使形象特征更加强烈鲜明，如图 2.1.4 所示。

图 2.1.4　图形形体夸张设计

4. 图形动态组合夸张设计

图形动态组合夸张设计可提高图形的视觉效果。例如，对花开花落、春风杨柳、秋风落叶、雨打芭蕉、蒲公英的飘落等动态描写，恰当地夸张其动态特征，能够表现出独特的情调和意境，如图2.1.5所示。

图2.1.5 图形动态组合夸张设计

1.2.3 图形色彩的调配

色彩是图案的重要组成部分，它能激发人的情绪，给人以美感。冷、暖、灰是图形色彩的基本色调。

1. 同类色调和

将一种单色调入白色或黑色，会使画面色彩出现深浅变化的色调，既协调又统一，既单纯又素雅。调和色调时，应注意明度的深浅变化，面积比例要安排得当，切不可出现深浅失衡的效果，否则色调会过亮或过暗。

2. 类似色调和

色环中同在60°～90°的相接近的色彩，如红色、橙色、黄色三种颜色及蓝色、绿色、紫色三种颜色都分别为类似色。这种色调，因色距较近，虽有变化，但很容易协调，原因是它们都含有相同色素。很多图案中，类似色被普遍采用。

3. 对比色调和

色环中一种色彩与距其120°～180°相对应的色彩互为对比色，其中人们熟悉的红色与绿色、黄色与紫色、青色与橙色都属于对比色。色彩对比强烈，衬托性较强，效果更佳。

1.2.4 图形色彩的应用

对于色彩的应用，首先要有一个明确的目的，即要达到什么样的预想效果，如兴奋、热烈、沉静、雅致等。设计师要围绕预想的效果充分运用色彩的色相、明度、纯度、色调、着色技法等，使图案色彩谐和悦目、富有生机。

色调是指两种或两种以上的颜色用于同一画面，形成的总的色彩倾向。对于色调的运用，一般是由被使用的几种颜色中都含有某一色相的成分，或者以其中同一颜色的色块面积占主导地位而形成的。色调的种类很多，常用的见表2.1.1。

表2.1.1 常用色调及调配方法

主色调	举例	调配方法
以色相为主的色调	绿色调	以绿色为主的调配
以纯度为主的色调	高纯调	把几个纯度高的色彩用于同一画面中，艳丽夺目
以冷暖为主的色调	色彩以色性可分冷色、暖色两大类	冷暖色是由于视觉经验累积，再加上联想的作用，人们看到某种色彩会产生某种冷、暖的感觉。设计师调配时，应根据主色调的不同，向不同的色调靠拢

同样的几种色彩混合，因面积与位置不同，会产生不同的效果。一般在色彩的调配中要取得和谐的效果，应注意以下几方面：

（1）对比色配合时，画面中需有一种主色。例如，红与绿的配合，二者在面积上不可过于接近，因为对比强度的感觉是与面积成正比的。

（2）利用纯度可以取得色彩的协调。例如，两个对比色相配合时，降低其中一个颜色的纯度，就能得到和谐的效果。尤其是对比色配合时，在两色中间使用调和色（黑、白、灰、金、银）中的任何一种色彩，协调效果都会非常显著。

※　1.3　训练 3——图形创意设计应用实例

1.3.1　花卉图形制作 A

（1）单击工具箱中的【矩形工具】按钮，在属性栏中设置其宽度为 160mm、高度为 275mm。绘制一个矩形，按 P 键将矩形居中放置在页面中，作为图案的边框，如图 2.1.6 所示。

（2）单击工具箱中的【钢笔工具】按钮，绘制出花朵外形，使用【形状工具】进行细节调整后，填充白黄色，设置轮廓色为无，如图 2.1.7 所示。

图 2.1.6　绘制矩形　　　　　　　　　　　　　　图 2.1.7　花朵外形

（3）单击工具箱中的【椭圆形工具】按钮，绘制四个椭圆，然后调整到合适的位置。单击属性栏中的【焊接】按钮进行焊接并填充橘红色，如图 2.1.8 所示。

（4）绘制两个正圆形，分别填充白色和橘红色，放置在刚才焊接而成的图形上，组成花蕊，如图 2.1.9 所示。

图 2.1.8　焊接图形　　　　　　　　　　　　　图 2.1.9　花蕊

（5）将花蕊图形移动到花朵外形上，完成花朵，如图 2.1.10 所示。

（6）将花朵群组并复制一组，在属性栏中设置旋转角度为 60°，放置到合适位置，如图 2.1.11 所示。

（7）单击工具箱中的【贝塞尔工具】按钮绘制叶茎，勾勒出植物的枝干，如图 2.1.12 所示。

  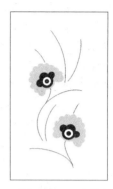

图 2.1.10　花朵　　　　图 2.1.11　复制花朵　　　　图 2.1.12　叶茎

（8）单击工具箱中的【贝塞尔工具】按钮，绘制叶子图形，填充黑色，如图 2.1.13 所示。

（9）复制叶子图形，按叶茎方向进行排列，适当进行缩放，并使用【形状工具】进行变形，使每个叶子各不相同，如图 2.1.14 所示。

图 2.1.13　叶子　　　　　　　　图 2.1.14　排列叶子

（10）用同样的方法制作出其他叶子，如图 2.1.15 所示。

（11）选择矩形，设置填充颜色 CMYK 值为（50，0，70，0）、轮廓色为无，如图 2.1.16 所示。

（12）单击工具箱中的【椭圆形工具】按钮，绘制一个正圆，填充白色，设置轮廓色为无。复制圆形沿剩余的曲线排列，作为植物的花蕾，完成的花卉图形如图 2.1.17 所示。

图 2.1.15　完成叶子图形　　　图 2.1.16　填充矩形　　　图 2.1.17　完成花卉图形

1.3.2 花卉图形制作 B

（1）使用工具箱中的【贝赛尔工具】，绘制出花朵造型并填充相应的颜色，同时配合【形状工具】增加锚点调整形体。

（2）使用工具箱中的【挑选工具】，将图形进行组合，如图 2.1.18 所示。

图 2.1.18 花朵造型

（3）使用工具箱中的【贝赛尔工具】，绘制出枝干图形，再用【挑选工具】移动图形并调整大小，然后将花朵及枝干进行组合，完成的花朵图形如图 2.1.19 所示。

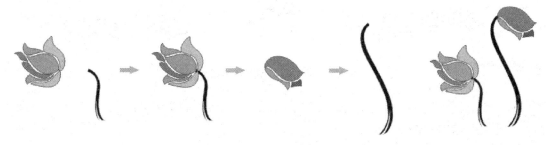

图 2.1.19 花朵与枝干

（4）使用工具箱中的【钢笔工具】，绘制出荷花图形并填充相应的颜色，使用工具箱中的【挑选工具】，将荷叶复制并旋转，分别更改填充颜色，完成后效果如图 2.1.20 所示。

图 2.1.20 绘制荷花图形

（5）使用工具箱中的【椭圆形工具】，绘制出大小不同的椭圆形并填充渐变颜色，完成花蕊图形后效果如图 2.1.21 所示。

图 2.1.21 绘制花蕊图形

（6）使用工具箱中的【挑选工具】，将花蕊图形放置到荷叶上并调整大小到合适的位置，如图 2.1.22 所示。

图 2.1.22　完成荷花组合

（7）使用工具箱中的【钢笔工具】，绘制出荷叶造型并填充相应的颜色，然后使用工具箱中的【挑选工具】，将荷叶组合并调整前后顺序，如图 2.1.23 所示。

图 2.1.23　绘制荷叶造型

（8）使用工具箱中的【贝赛尔工具】，为荷叶绘制阴影图形并填充相应的颜色，然后使用工具箱中的【挑选工具】，调整阴影前后顺序，如图 2.1.24 所示。

图 2.1.24　绘制荷叶阴影图形

（9）将前面绘制的图形进行组合，运用工具箱中的【挑选工具】和【缩放工具】调整图形后组合，完成组合后效果如图 2.1.25 所示。

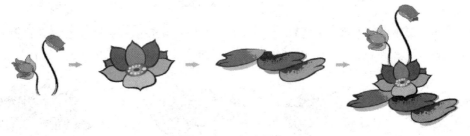

图 2.1.25　组合图案

（10）使用工具箱中的【矩形工具】，创建一个矩形并调整为圆角，设置填充颜色为黄色，然后将图案与背景组合，完成后效果如图 2.1.26 所示。

图 2.1.26　完成花卉装饰图案

1.3.3　二方连续图案制作 A

（1）新建一个页面，单击工具箱中的【钢笔工具】按钮，在页面中绘制两个不规则图形，然后使用【形状工具】对节点进行调整。

（2）单击工具箱中的【椭圆形工具】按钮，绘制一个正圆，将三个图形重叠放置，依次填充CMYK 值为（100，10，10，0）的颜色、黑色和靛蓝色，均无轮廓色，如图 2.1.27 所示。

（3）单击工具箱中【钢笔工具】按钮，绘制一个花朵形状，将刚才绘制的较小的不规则图形复制一个，放置在花朵形状上，分别填充 CMYK 值为（100，10，10，0）的颜色和黑色，如图 2.1.28 所示。

図 2.1.27　绘制图形　　　　　　　图 2.1.28　花朵外形

（4）单击工具箱中的【贝塞尔工具】按钮，绘制一个类似叶子的图形，使用【形状工具】进行调整。再绘制一个图形和两个椭圆形，垂直居中对齐放置。上方两个图形填充为靛蓝色，下方两个图形填充 CMYK 值为（80，50，30，0）的颜色，如图 2.1.29 所示。

图 2.1.29　叶子形状

（5）将已经创建的图形由上到下进行排列，如图 2.1.30 所示。

（6）单击工具箱中的【贝塞尔工具】按钮，绘制图形，填充黑色，放置在花朵图形上。将所有图形群组，如图 2.1.31 所示。

（7）单击工具箱中的【钢笔工具】按钮，绘制四个弯曲纹样图形，轮廓色和填充色均设置为靛蓝色，如图 2.1.32 所示。

图 2.1.30　排列图形　　　图 2.1.31　添加图形　　　　　图 2.1.32　弯曲纹样

（8）单击工具箱中的【贝塞尔工具】按钮，绘制两个螺旋状图案和一个曲线图形，填充黑色，如图 2.1.33 所示。

（9）单击工具箱中的【贝塞尔工具】按钮，绘制两个图形，移动到空隙处，使图形较为匀称，分别填充 CMYK 值为（100，10，10，0）的颜色和海军蓝，无轮廓色，如图 2.1.34 所示。

（10）将中心线左侧的图形全部选中后进行群组，对称复制出右侧图形。将页面中所有图形进行群组，完成单独纹样的制作，如图 2.1.35 所示。

图 2.1.33　螺旋状图案　　　　　图 2.1.34　添加图形　　　　图 2.1.35　单独纹样效果

（11）选中绘制好的图形，选择【排列】|【变换】|【位置】命令，在打开的【变换】泊坞窗中设置相对中心为【右中】，进行再制，使纹样水平排列，组成二方连续图案，如图 2.1.36 所示。

图 2.1.36　二方连续图案

1.3.4　二方连续图案制作 B

（1）使用工具箱中的【钢笔工具】，绘制图形并填充红色，如图 2.1.37 所示。

（2）选择花纹图形并将其复制，单击属性栏中的【水平镜像】按钮，然后调整到合适的位置。

（3）使用工具箱中的【挑选工具】，将绘制好的图形进行组合，如图 2.1.38 所示。

图 2.1.37　绘制花纹图形　　　　　　图 2.1.38　组合图形效果

（4）使用工具箱中的【椭圆形工具】，为图形绘制装饰图形并填充橙色，如图 2.1.39 所示。

（5）选择绘制好的图形并将其复制，单击属性栏中的【镜像】按钮，并运用【挑选工具】移动图形，调整图案的方向，如图 2.1.40 所示。

图 2.1.39 绘制花纹装饰   图 2.1.40 镜像图形效果

（6）选择镜像后的图形，复制 3 个并调整到合适的位置，如图 2.1.41 所示。

图 2.1.41 完成二方连续图案

1.3.5 四方连续图形制作 A

（1）新建一个页面，单击工具箱中的【矩形工具】按钮，在页面中绘制一个矩形，设置轮廓色为 20% 黑，作为图案纹样的边框，如图 2.1.42 所示。

（2）绘制一个矩形，放置在边框矩形中间，再使用【钢笔工具】绘制两个弯曲的条状图形，移动到矩形左侧，如图 2.1.43 所示。

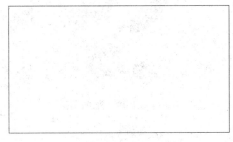

图 2.1.42 绘制矩形

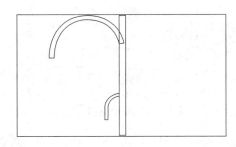

图 2.1.43 绘制图形

（3）选中三个图形，单击属性栏中的【焊接】按钮，将图形进行焊接，填充浅蓝绿，轮廓色设置为无，如图 2.1.44 所示。

（4）单击工具箱中的【椭圆形工具】按钮，绘制两个椭圆，转换为曲线后，使用【形状工具】调整各节点，然后进行旋转并焊接到一起，填充浅蓝绿，轮廓色设置为无，如图 2.1.45 所示。

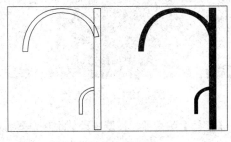

图 2.1.44 焊接图形

图 2.1.45 曲线调整

（5）单击工具箱中的【椭圆形工具】按钮，绘制四个椭圆并进行重叠放置，对较大的椭圆进行修剪，如图 2.1.46 所示。

（6）绘制一个椭圆，转换为曲线后，使用【形状工具】调节节点，然后和刚才修剪而成的图形放置到一起，进行焊接后填充深黄色，设置轮廓色为无，如图 2.1.47 所示。

图 2.1.46　修剪椭圆　　　　　　　　　　　　　　　图 2.1.47　图形焊接

（7）单击工具箱中的【贝塞尔工具】按钮，绘制一个不规则图形，移动到刚才焊接成的图形上，填充白色，轮廓色设置为无。移动两个图形到矩形左下方，如图 2.1.48 所示。

（8）使用【多边形工具】【贝塞尔工具】和【椭圆形工具】绘制如图 2.1.49 所示的图形，将三个图形填充为黑色，放置在矩形边框中合适的位置。

图 2.1.48　移动图形　　　　　　　　　　　　　　　图 2.1.49　添加图形

（9）将所有图形选中后群组，对称复制出右侧图形，如图 2.1.50 所示。

（10）选择矩形并填充红色，作为图案的底色。将所有图形群组，完成图案的制作，如图 2.1.51 所示。

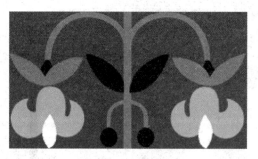

图 2.1.50　对称复制　　　　　　　　　　　　　　　图 2.1.51　填充底色

（11）选择【排列】|【变换】|【位置】命令，打开【变换】泊坞窗，设置变换的相对位置为【右中】，进行再制，如图 2.1.52 所示。

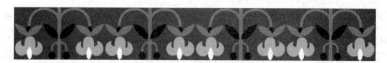

图 2.1.52　再制图案

（12）将所有图案选中，设置变换的相对位置为【中下】，进行再制，完成四方连续图案制作，如图 2.1.53 所示。

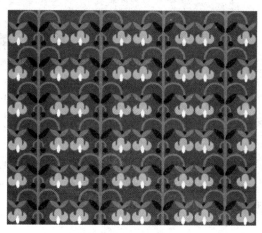

图 2.1.53　最终效果

1.3.6　四方连续图形制作 B

（1）使用工具箱中的【钢笔工具】和【椭圆形工具】，同时执行【修剪】命令完成如图 2.1.54 所示的基本图形绘制，并填充相应的颜色。

（2）选择基本图形并复制，选择【水平镜像】和【垂直镜像】命令，调整基本图形角度，完成后效果如图 2.1.55 所示。

图 2.1.54　基本图形　　　　　　　　　　图 2.1.55　调整图案方向

（3）将组合后的图案向右复制并更改其颜色，然后单击属性栏中的【镜像】按钮，并运用工具箱中的【挑选工具】移动图形，调整图案的方向，以加强视觉上的连续感，如图 2.1.56 所示。

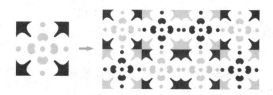

图 2.1.56　平排式图案

注意：平排式是以各种类型的图形进行平行或左右排列而成的四方连续图案，其装饰效果比较平淡。

（4）在前面图案的基础上，使用【复制】【粘贴】和【镜像】命令进行水平和垂直移动，如图 2.1.57 所示。

图 2.1.57　斜排式图案

注意：斜排式是以各种类型的图形进行上下方向或有角度排列而成的四方连续图案，其装饰效果比较活跃。

1.3.7　风景图形制作 A

（1）新建一个页面，在属性栏中设置纸张宽度为 310mm、高度为 300mm。

（2）单击工具箱中的【矩形工具】按钮，创建一个与纸张大小相同的矩形，填充为薄荷绿，轮廓色设置为无，如图 2.1.58 所示。

（3）选中矩形，按 + 键原位复制一个，向下拖动中上方的控制点缩小矩形，轮廓色和填充色均设置为黑色，如图 2.1.59 所示。

（4）选中黑色矩形，按住 Alt 键向上拖动中下方的控制点，到一定位置后右击，在黑色矩形上方复制出一个矩形，取消填充，如图 2.1.60 所示。

图 2.1.58　创建矩形

图 2.1.59　绘制矩形

图 2.1.60　复制矩形

（5）用同样的方法两次复制无填充的矩形，如图 2.1.61 所示。

（6）对三个矩形进行填充，从下到上依次为草绿、月光绿和淡黄，轮廓色和填充色一致，如图 2.1.62 所示。

（7）选中黄色矩形，按住 Shift 键向下拖动中上方的控制点，到一定位置后右击，复制出一个矩形，填充黑色，如图 2.1.63 所示，

图 2.1.61　复制　　　　　图 2.1.62　填充矩形　　　　图 2.1.63　复制矩形并填充

（8）单击工具箱中的【涂抹笔刷工具】按钮，在属性栏中设置笔尖大小为 50mm，然后在黑色小矩形的不同位置上双击，为矩形制作凸出部分，如图 2.1.64 所示。

（9）单击工具箱中的【形状工具】按钮，对矩形凸出部分的节点进行调整，形成两个拱桥形状，如图 2.1.65 所示。

（10）向上复制黄色矩形，填充从上到下的线性渐变色为海军蓝到柔和蓝，如图 2.1.66 所示。

图 2.1.64　涂抹工具　　　　　图 2.1.65　形状编辑　　　　图 2.1.66　渐变填充

（11）单击工具箱中的【涂抹工具】按钮，在属性栏中设置笔尖大小为 25mm，【关系】固定值设置为 90°，对渐变矩形上部进行涂抹，产生远处山脉起伏的效果，如图 2.1.67 所示。

（12）向下拖动山脉图形中上方的控制点到一定位置后右击，复制出一个图形，填充深紫色，如图 2.1.68 所示。

（13）单击工具箱中的【橡皮擦工具】按钮，在属性栏中设置橡皮擦厚度为 5mm，对深紫色图形上部进行擦除，效果如图 2.1.69 所示。

图 2.1.67　涂抹山脉效果　　　图 2.1.68　复制图形　　　图 2.1.69　使用【橡皮擦工具】擦除

（14）单击工具箱中的【椭圆形工具】按钮，绘制两个同心正圆，单击工具箱中的【粗糙笔刷】按钮，在属性栏中设置笔刷大小为 30mm，尖突频率值为 2，单击较大的正圆边缘，使其变得粗糙尖锐。为粗糙化的图形填充黑色，中间的正圆填充草绿色，群组两个图形，如图 2.1.70 所示。

（15）单击工具箱中的【钢笔工具】按钮，绘制不规则图形，填充黑色，如图 2.1.71 所示。

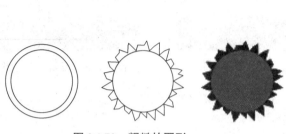

图 2.1.70　粗糙的图形

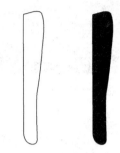

图 2.1.71　不规则图形

（16）将绘制好的图形移动到图案中合适的位置，如图 2.1.72 所示。复制几组并进行缩放，然后放置到不同位置，如图 2.1.73 所示。

图 2.1.72　移动图形

图 2.1.73　复制图形

（17）单击工具箱中的【钢笔工具】按钮，绘制出小鸟形状并复制几个，使用【形状工具】调整节点，如图 2.1.74 所示。

（18）为绘制的小鸟形状填充白色，取消轮廓色，放置到图案中合适的位置。将所有图形群组，完成风景图形制作，如图 2.1.75 所示。

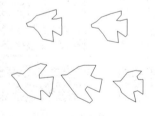

图 2.1.74　绘制小鸟

图 2.1.75　完成风景图案效果

1.3.8　风景图形制作 B

（1）使用工具箱中的【贝赛尔工具】，绘制树枝图形，设置轮廓颜色为黑色、填充颜色为白色，如图 2.1.76 所示。

（2）使用工具箱中的【椭圆形工具】和【钢笔工具】，绘制云彩和雪花图形并填充相应的颜色，如图 2.1.77 所示。

（3）使用工具箱中的【挑选工具】，将绘制好的图形进行组合，如图 2.1.78 所示。

图 2.1.76　绘制树枝　　图 2.1.77　绘制云彩和雪花　　　　图 2.1.78　图形组合效果

（4）使用工具箱中的【椭圆形工具】，绘制一个正圆形，填充深蓝到浅蓝的渐变颜色。

（5）使用【挑选工具】将组合好的雪景移动到圆形中并调整其位置，完成图案背景制作，如图 2.1.79 所示。

（6）使用【椭圆形工具】和【贝赛尔工具】，绘制雪人头部造型，然后分别填充渐变颜色，完成后效果如图 2.1.80 所示。

图 2.1.79　图案背景　　　　　　　　图 2.1.80　完成雪人造型

（7）使用工具箱中的【挑选工具】，移动和组合图案，如图 2.1.81 所示。

图 2.1.81　组合图案

1.3.9　动物图形制作 A

（1）新建一个页面，单击工具箱中的【矩形工具】按钮，创建一个与页面大小相同的矩形。

（2）单击工具箱中的【椭圆形工具】按钮，按 Ctrl 键绘制两个正圆，分别填充黑色和红色，放置到合适位置，如图 2.1.82 所示。

（3）单击工具箱中的【矩形工具】按钮，绘制两个等宽的矩形，填充红色，贴齐正圆右侧放置，如图 2.1.83 所示。

图 2.1.82 绘制正圆

图 2.1.83 绘制矩形

（4）单击工具箱中的【矩形工具】按钮，绘制一个矩形，使用【形状工具】拖动矩形的控制点使其变为圆角矩形。单击工具箱中的【椭圆形工具】按钮，绘制一个正圆，用圆角矩形修剪正圆。再绘制五个正圆，进行重叠放置组成两个图案，分别填充黑色、白色和红色，如图 2.1.84 所示。

（5）单击工具箱中的【椭圆形工具】按钮，在属性栏中单击【饼形】按钮，设置起始和结束角度分别为 0 度和 90 度，绘制饼形，然后复制一个并进行旋转。再使用【矩形工具】绘制两个矩形，将图形组合后分别填充红色和黑色，移动到合适位置后调整图层顺序，如图 2.1.85 所示。

图 2.1.84 修剪

图 2.1.85 饼形

（6）单击工具箱中的【椭圆形工具】按钮，绘制两个正圆，分别填充白色和黑色，进行叠放后复制四组旋转后进行排列，然后放置在红色的正圆上，如图 2.1.86 所示。

（7）单击工具箱中的【椭圆形工具】按钮，绘制两个正圆。然后在属性栏中单击【饼形】按钮，设置起始和结束角度分别为 180 度和 0 度，按 Ctrl 键绘制半圆形并复制一个，在属性栏中设置旋转角度为 90 度、填充颜色为白色，如图 2.1.87 所示。

（8）复制几组半圆形，分别填充黑色、白色、黄色和红色，将刚才绘制的两个正圆填充为白色，将这些图形放置到合适位置，完成动物图形效果如图 2.1.88 所示。

图 2.1.86 旋转排列

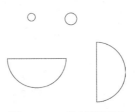

图 2.1.87 绘制半圆形

图 2.1.88 动物图形效果

1.3.10　动物图形制作 B

（1）使用工具箱中的【贝赛尔工具】，绘制出鸟造型，同时使用【形状工具】增加锚点调整形体，填充紫色。

（2）使用工具箱中的【椭圆形工具】，绘制出眼睛图形，填充橙色。

（3）使用工具箱中的【挑选工具】，将绘制好的图形进行组合，如图 2.1.89 所示。

（4）使用工具箱中的【贝赛尔工具】，绘制出鸟翅膀造型并填充相应的颜色，如图 2.1.90 所示。

图 2.1.89　绘制鸟造型　　　　　　　　　　图 2.1.90　绘制鸟翅膀造型

（5）将绘制好的鸟图形向右复制 2 个并分别更改其颜色，完成后效果如图 2.1.91 所示。

图 2.1.91　复制并更改鸟图形颜色

（6）使用工具箱中的【挑选工具】，选择鸟图形并分别设置其旋转角度及位置，完成后效果如图 2.1.92 所示。

图 2.1.92　旋转角度完成效果

（7）单击工具箱中的【多边形工具】按钮，创建一个六边形边框，填充红色，然后将图案与背景组合，完成后效果如图 2.1.93 所示。

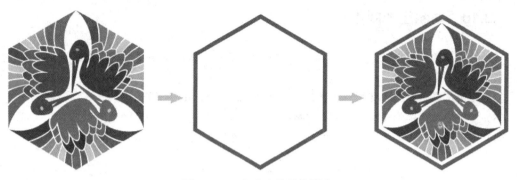

图 2.1.93　完成动物装饰图案

思考与练习

1．思考题

（1）图形的概念是什么？

（2）图形设计的表现形式有哪些？

（3）图形设计变化规律有哪些？

（4）图形色彩如何调配？

2．练习题

使用 CorelDRAW X6 软件，绘制单独纹样、适合纹样和动物图案。

练习规格：设置尺寸为长 150mm× 宽 150mm。

练习要求：使用【钢笔工具】【贝塞尔工具】【形状工具】【矩形工具】【椭圆形工具】等绘制图案，如图 2.1.94 所示。

图 2.1.94　绘制图案

项目训练 2
标志设计

2

学习目标

1. 了解标志设计的原理；

2. 掌握标志设计的案例操作方法；

3. 理解标志设计在实际工作中的应用；

4. 学会标志设计的方法；

5. 懂得标志设计的原则。

※ 2.1 训练 1——标志设计概述

当今的标志设计以图形为中心，正逐渐成为视觉传达方式的主导，由此可见，图形的优势正在慢慢凸显出来。例如，以汉字图形为主要内容的标志，以其鲜明的个性特征和独特的文化气质受到人们的喜爱。

2.1.1 标志设计中的延展性

标志设计是社会经济、文化的体现，并因其图形高度简洁、寓意丰富、商业价值高而受到设计界及企业界的重视。而图形在其中所起到的作用是"表情达意"，传达美的意境，同时，它还增强了标志的魅力以及可视性和趣味性。

在标志设计中，图形的挑选、组合以及运用，都应该有明确的指涉功能。同时还要注意使其表现得与所处的空间、时间、社会现实的要求相一致。作为设计者，必须把握图形可能存在的变量，以保证图形的当前状态正吻合自己要表达的思想感情。

2.1.2 标志的起源

标志起源于上古时代的"图腾"。到了 21 世纪，标志已在世界普及，而标志设计则是以信息传达为主要功能。标志是具有很强象征意义的符号，人们通过标志认识了许多企业、机构、商品和各项设施的象征形象。

成功的标志设计应该是创意和表现有机结合的产物。创意是根据设计要求，对某种理念进行综合、分析、归纳、概括，通过哲学的思考，将抽象的设计概念逐步转化为具体的形象，如图 2.2.1 所示。

2.1.3 标志的功能

标志以精练的形象表达一定的含义，并借助人们的符号识别、联想等思维能力，传达特定的信息。标志传达信息的功能很强，在一定条件下，甚至超过语言文字，因此被广泛应用于现代社会的各个方面，如图 2.2.2 所示。

图 2.2.1 企业标志

图 2.2.2 标志信息

标志是表明事物特征的记号，它以单纯、易识别的图形或文字符号为直观语言，具有表达意义和情感的作用。在社会活动与生产活动中无处不在，甚至对于国家、社会集团乃至个人的根本利益，也有极其重要的独特功用。

2.1.4　标志的作用与特点

对于企业（机构）和商品，标志好似它们的名字，一个内涵与形式完美的标志是企业（机构）和商品最直观、最简洁的象征符号。

简洁明快、易于记忆、个性鲜明、风格独特、追求唯一是标志的主要特点。

2.1.5　标志的分类

标志按内容可分为商业性标志和非商业性标志两类。其中，商业性标志是直接用于商业流通活动中的标志，如商标等。而非商业性标志是非直接用于商业流通活动中的标志，如政府、机构、学校标志和公共信息符号等。

按表现形式标志，可分为文字标志（图 2.2.3）、图形标志（图 2.2.4）以及由文字和图形复合构成的组合标志（图 2.2.5）三种。

图 2.2.3　文字标志

图 2.2.4　图形标志

图 2.2.5　文字、图形组合的标志

※　2.2　训练 2——标志设计的表现形式、要求及原则

2.2.1　标志设计的表现形式

标志设计是一个创造过程，包括意念的创造和形式的表现。意念是以思想、形式为手法，将虚幻的概念变成可视的形象，将无意义的图形变成有意味的形式。标志设计常见的表现形式可分为具象形式、意象形式和抽象形式。

（1）具象形式。具象形式基本忠实于客观物象的自然形态，经过提炼、概括和变化，突出与夸张其本质特征。作为标志图形，这种形式具有易识别的特点。

（2）意象形式。意象形式是以某种物象的形态为基本意念，以装饰的、抽象的图形或文字符号来表现形式。标志就是以意念、抽象图形来表现的。这种形式往往具有更高的艺术格调和现代感。

（3）抽象形式。抽象形式是以完全抽象的几何图形、文字或符号来进行表现的。这种图形往往具有深邃的抽象含义、象征意味和神秘感。它的特点是具有更强烈的现代感和符号感，易于记忆。

2.2.2　标志设计的要求

标志设计是一种图形艺术设计，要求简练、概括、完美，十分苛刻。

（1）标志的主要作用是传达特定的信息、企业形象。设计要简练、概括，又要讲究艺术性；色彩要单纯、强烈、醒目。

（2）标志设计的目的是传达信息，因此构思必须深刻、巧妙独特、新颖别致、表意准确，能经受得住时间的考验；构图要简练美观、造型优美、有时代感，适应于形态美学。

（3）标志设计艺术追求的准则是遵循标志艺术规律，用创造性的探求、确切的艺术表现形式和手法，使设计的标志具有高度的整体美感和最佳视觉效果。

（4）标志传达出的信息要便于记忆，就必须使标志生动而有感染力，因此要达到生动、有强烈感染力的效果，设计时需充分考虑其实现的可行性及针对性，同时还要顾及应用于其他视觉传播方式的传达效果。

2.2.3　标志设计的原则

标志设计的原则有如下几点：

（1）设计应在详尽明确设计对象的使用目的、适用范畴及有关法规等情况和深刻领会其功能性要求的前提下进行。

（2）标志设计构思需慎重推敲，要符合作用对象的直观接受能力、审美意识和社会心理，避开其禁忌。

（3）标志设计构图要凝练、美观，图形和符号既要简练、概括，又要遵循结构美的原则。

（4）标志设计的符号、图形和文字都应该具备自身的特色，充分体现出别具一格的效果。创造性是标志设计的根本性原则，它可使设计出来的标志达到易于识别、便于记忆的效果。

（5）标志是一种视觉语言，需具备文字符号式的简约性、聚集性和抽象性，因此标志设计要简练、明朗、醒目，切忌图案复杂，过分含蓄。视觉效果是标志设计艺术追求的原则。

（6）标志是一种视觉艺术，人们在观看一个标志图形的同时，也进行了一次审美的过程。在审美过程中，人们把视觉所感受到的图形，用社会所公认的、相对客观的标准进行评价、分析和比较，以引起美感冲动。

（7）标志设计必须运用通用的形态语言，注重汲取民族传统的共同部分，努力创造具有特色的形态语言。

※ 2.3　训练3——标志设计应用实例

2.3.1　抽象图形标志设计

（1）单击工具箱中的【椭圆形工具】按钮，按 Ctrl 键绘制一个正圆，按 Shift 键向正圆内部拖动控制点到一定位置后右击，得到一个较小的同心圆，如图 2.2.6 所示。

（2）选中较小的正圆，在属性栏中单击【饼形】按钮，然后设置其起始和结束角度分别为 0 度和 180 度，得到一个半圆形，如图 2.2.7 所示。

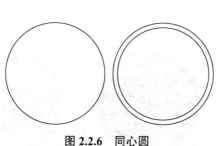

图 2.2.6　同心圆　　　　　　　　　　图 2.2.7　半圆形

（3）单击工具箱中的【矩形工具】按钮，绘制两个矩形，将其中一个进行倾斜，放置在半圆形上，如图 2.2.8 所示。

（4）选中两个矩形后，再选中半圆形，然后单击属性栏中的【修剪】按钮，用矩形修剪半圆形，如图 2.2.9 所示。

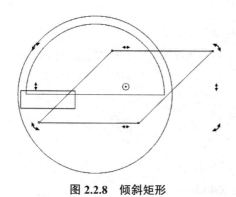
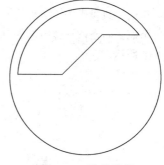

图 2.2.8　倾斜矩形　　　　　　　　　　图 2.2.9　修剪半圆

（5）单击工具箱中的【矩形工具】按钮，绘制一个矩形并进行倾斜。单击工具箱中的【椭圆形工具】按钮，在属性栏中单击【饼形】按钮，设置其起始和结束角度分别为 0 度和 90 度，得到一个90 度的饼形，然后单击属性栏中的【水平镜像】按钮，将饼形水平翻转，如图 2.2.10 所示。

（6）将图形放置在正圆上，为正圆填充黑色，其他图形填充冰蓝色，如图 2.2.11 所示。

（7）单击工具箱中的【椭圆形工具】按钮，在属性栏中单击【饼形】按钮，设置其起始和结束角度分别为 270 度和 0 度，得到一个饼形。再设置起始角度分别为 90 度和 260 度，绘制一个饼形，转换为曲线后删除右侧的一个节点，将两个图形填充为春绿色，移动到合适位置，如图 2.2.12 所示。

图 2.2.10　绘制不规则图形　　　图 2.2.11　填充图形　　　　图 2.2.12　饼形

（8）单击工具箱中的【贝塞尔工具】按钮，绘制不规则图形，填充 CMYK 值为（0，25，80，0）的颜色，放置在正圆底部，如图 2.2.13 所示。

（9）绘制一个起始角度分别为 0 度和 90 度的饼形，复制一个缩小并进行修剪。绘制一个矩形修剪后，再绘制一个矩形进行焊接。将焊接成的图形填充为黑色，放置在商标中，如图 2.2.14 所示。

（10）单击工具箱中的【矩形工具】按钮，绘制两个矩形，分别填充红色和黑色，放置在商标中，完成商标的制作，如图 2.2.15 所示。

图 2.2.13　绘制不规则图形　　　图 2.2.14　图形修整　　　　图 2.2.15　抽象商标

2.3.2　字母标志设计

（1）单击工具箱中的【钢笔工具】按钮，绘制一个具有两个节点的图形，然后使用【形状工具】在下方的节点上右击，在弹出菜单中选择【尖突】命令，调整控制手柄，填充橘红色，轮廓色为无，如图 2.2.16 所示。

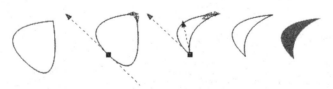

图 2.2.16　形状编辑

（2）单击工具箱中的【钢笔工具】按钮，与上步骤方法一样，绘制三个图形，分别填充蓝色、橘红色和蓝色，均无轮廓色，如图 2.2.17 所示。

（3）单击工具箱中的【贝塞尔工具】按钮，绘制图形后用【形状工具】进行编辑，再使用工具箱中的【折线工具】绘制图形，然后将两个图形焊接后填充蓝色，轮廓色设置为无，如图 2.2.18 所示。

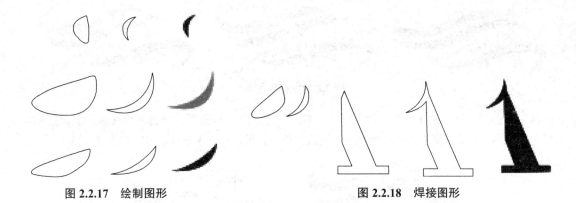

图 2.2.17　绘制图形　　　　　　　　　　　图 2.2.18　焊接图形

（4）单击工具箱中的【椭圆形工具】按钮，绘制 6 个椭圆，填充黑色，排列后进行群组，如图 2.2.19 所示。

（5）将绘制的图形组成大写字母"A"的形状，如图 2.2.20 所示。

（6）单击工具箱中的【文本工具】按钮，在图形下方输入文字"Action Club football"，设置字体为【Arial Black】。将所有图形群组，完成字母商标的制作，如图 2.2.21 所示。

图 2.2.19　绘制椭圆　　　　图 2.2.20　排列图形　　　　图 2.2.21　字母商标效果

2.3.3　中文与图形标志设计

（1）单击工具箱中的【贝塞尔工具】按钮，绘制两个图形，使用【形状工具】编辑节点后对齐放置，如图 2.2.22 所示。

（2）选中刚才绘制的两个图形，选择【排列】|【变换】|【位置】命令，打开【变换】泊坞窗，设置相对位置为【中上】，进行再制。单击属性栏中的【水平镜像】按钮和【垂直镜像】按钮，然后移动到合适位置，如图 2.2.23 所示。

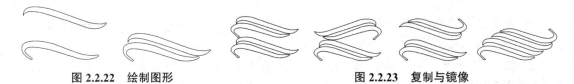

图 2.2.22　绘制图形　　　　　　　　　　　图 2.2.23　复制与镜像

（3）将图形从上到下依次填充 CMYK 值为（0，70，30，0）、（100，0，60，0）、（0，10，70，0）的颜色和幼蓝色。单击工具箱中的【矩形工具】按钮，绘制一个矩形，旋转后对四个图形进行修剪，如图 2.2.24 所示。

图 2.2.24 修剪图形

（4）单击工具箱中的【文本工具】按钮，输入文字"文字标志"，设置字体【隶书】，轮廓色为黑色，然后使用【椭圆形工具】绘制一个正圆，填充白色，和文字居中对齐，如图 2.2.25 所示。

图 2.2.25 文字标志

（5）单击工具箱中的【矩形工具】按钮，绘制一个矩形，然后等比缩小复制一个，如图 2.2.26 所示。

（6）将矩形分别填充为靛蓝色和白色，调整图层顺序，将所有图形群组，完成商标的制作，如图 2.2.27 所示。

图 2.2.26 绘制矩形   图 2.2.27 最终效果

2.3.4 企业标志设计 A

（1）单击工具箱中的【矩形工具】按钮，绘制一个矩形，在属性栏中调整 4 个边角圆滑度均为 100，如图 2.2.28 所示。

（2）选中圆角矩形，按"Shift"键向内部拖动控制点到一定位置后右击，得到一个较小的圆角矩形，如图 2.2.29 所示。

（3）单击工具箱中的【刻刀工具】按钮，对较小的圆角矩形进行两次切割，将圆角矩形分为三个图形，删除中间的图形，如图 2.2.30 所示。

（4）将切割后剩下的两个图形填充 CMYK 值为（0，100，65，0）的颜色，效果如图 2.2.31 所示。

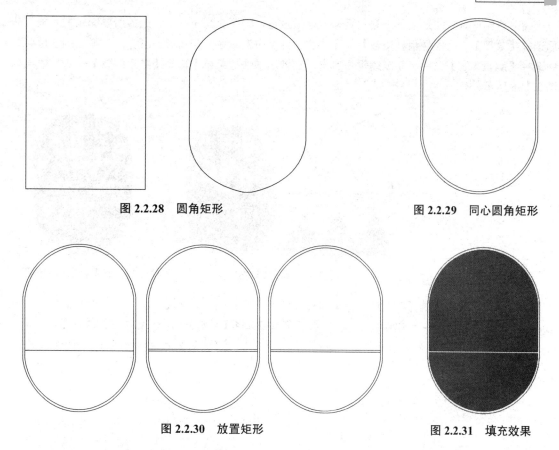

图 2.2.28 圆角矩形　　　　　　　　　　　图 2.2.29 同心圆角矩形

图 2.2.30 放置矩形　　　　　　　　　　　图 2.2.31 填充效果

（5）单击工具箱中的【钢笔工具】按钮，绘制不规则图形，设置填充颜色 CMYK 值为（0，23，76，0），放置在图形中，如图 2.2.32 所示。

（6）选中不规则图形，选择【效果】｜【图像精确剪裁】｜【放置于容器中】命令，在图形上右击，在弹出的快捷菜单中选择【编辑内容】命令，完成编辑后右击，在弹出的快捷菜单中选择【结束编辑】命令，效果如图 2.2.33 所示。

图 2.2.32 钢笔工具　　　　　　　　　　　图 2.2.33 效果图

（7）单击工具栏中的【多边形工具】按钮，绘制一个三角形，选择【排列】｜【变换】｜【位置】命令，打开【变换】泊坞窗，设置相对位置为【左部】，进行再制，绘制一个矩形并进行焊接，选中修剪后的图形，按 Shift 键向内部拖动控制点，到一定位置后右击，得到一个新的图形，设置填充颜色 CMYK 值为（100，72，0，19），如图 2.2.34 所示。

（8）将制作好的图形放置于圆角矩形的合适位置，如图2.2.35所示。选择所要编辑的对象，然后选择【效果】|【图像精确剪裁】|【放置于容器中】命令，在图形上右击，在弹出的快捷菜单中选择【编辑内容】命令，完成编辑后右击，在弹出的快捷菜单中选择【结束编辑】命令，效果如图2.2.36所示。

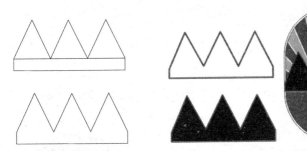
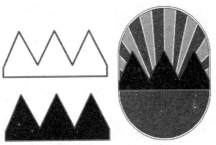

图 2.2.34　图形修剪　　　　　图 2.2.35　放置图形　　　　　图 2.2.36　置于容器后的效果

（9）单击工具箱中的【椭圆形工具】按钮，绘制一个椭圆，使用【形状工具】调整图形上的节点，调整控制手柄，选中下方节点右击，在快捷菜单中选择【平滑】命令，如图2.2.37所示。

（10）再绘制两个椭圆，调整节点和控制手柄，然后使用【修剪】命令，同时选中两个图形进行修剪，效果如图2.2.38所示。

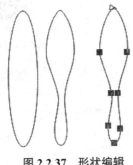
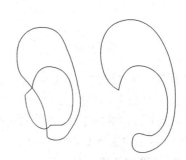

图 2.2.37　形状编辑　　　　　　　图 2.2.38　修剪完成后效果

（11）将绘制的图形组成一个花的形状，使用【矩形工具】绘制一个矩形放置在图形中，如图2.2.39所示。然后进行图形焊接，填充白色，如图2.2.40所示。

（12）单击工具箱中的【贝塞尔工具】按钮，绘制不规则图形，使用【交互式调和工具】进行交互式调和，完成后效果如图2.2.41所示。

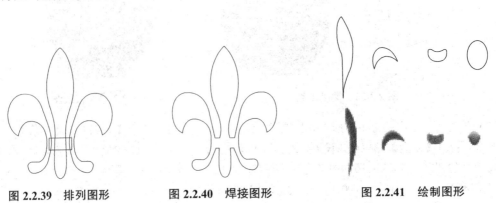

图 2.2.39　排列图形　　　　　　图 2.2.40　焊接图形　　　　　　图 2.2.41　绘制图形

（13）将绘制的图形组合并复制两个，放置在图形中，完成后效果如图 2.2.42 所示。

（14）单击工具箱中的【椭圆工具】按钮，绘制两个椭圆，使用【形状工具】调整图形上的节点，并调整控制手柄，选中下方节点右击，在弹出菜单的中选择【平滑】命令，如图 2.2.43 所示。

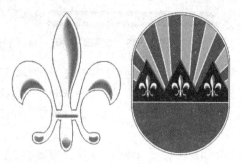

图 2.2.42　排列图形

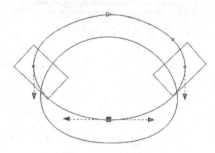

图 2.2.43　绘制图形

（15）选中所有图形，单击属性栏中的【修剪】按钮，设置填充颜色为无、轮廓线颜色为黑色，复制一个并缩小，设置填充颜色为 CMYK 值为（100，72，0，19）的颜色、轮廓线颜色为白色，效果如图 2.2.44 所示。

（16）单击工具箱中的【贝塞尔工具】按钮，绘制图形后使用【形状工具】进行编辑，设置填充颜色为无、轮廓线为黑色。分别复制一个并缩小，设置填充颜色为 CMYK 值为（100，72，0，19，）的颜色、轮廓线为白色，如图 2.2.45 所示。

图 2.2.44　修剪图形

图 2.2.45　绘制图形

（17）沿着图形绘制一条曲线，单击工具箱中的【文本工具】按钮，沿曲线上方输入文字"MAKE READY"，按 Ctrl+K 组合键使其成为独立的字母，将已经绘制的图形和文字进行排列，如图 2.2.46 所示。

（18）单击工具箱中的【矩形工具】按钮，绘制一个矩形并转换为曲线，使用【形状工具】在矩形适当的位置添加节点，把左上角和左下角的节点删除，进一步调整节点进行编辑，如图 2.2.47 所示。

图 2.2.46　排列图形

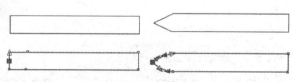

图 2.2.47　绘制图形

（19）单击工具箱中的【贝塞尔工具】按钮，绘制两个不规则图形，使用【形状工具】进行编辑。按 Shift 键向内部拖动控制点到一定位置后右击，得到另外一个缩小的图形，如图 2.2.48 所示。使用【交互式调和工具】进行交互式调和，如图 2.2.49 所示。

图 2.2.48 绘制图形   图 2.2.49 交互式调和

（20）单击工具箱中的【矩形工具】按钮，绘制一个矩形并转换为曲线，使用【形状工具】，在矩形适当的位置添加节点，设置填充颜色 CMYK 值为（0，0，0，50），按 Shift 键向内部拖动控制节点到一定位置后右击，复制一个，设置填充颜色 CMYK 值为（0，0，0，0）。使用【交互式调和工具】进行交互式调和，如图 2.2.50 所示。

（21）单击工具箱中的【矩形工具】按钮，绘制一个矩形并转换为曲线，使用【形状工具】进行调整，设置填充颜色 CMYK 值为（0，0，0，50），复制一个并缩小，设置填充颜色 CMYK 值为（0，0，0，10）。使用【交互式调和工具】进行交互式调和，如图 2.2.51 所示。

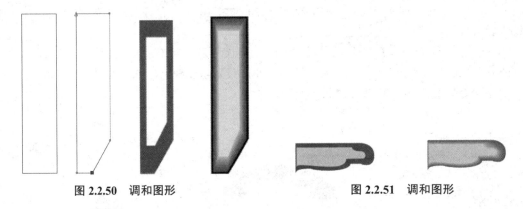

图 2.2.50 调和图形   图 2.2.51 调和图形

（22）单击工具箱中的【椭圆形工具】按钮，绘制两个椭圆，然后把绘制的图形排列进行群组，如图 2.2.52 所示。

（23）单击工具箱中的【椭圆形工具】按钮，绘制一个椭圆并调整形状，设置填充颜色 CMYK 值为（100，72，0，19）。

（24）使用【贝塞尔工具】，绘制两个不规则图形，使用【形状工具】进行编辑，设置填充颜色 CMYK 值为（0，0，0，5）。将绘制好的图形进行组合，如图 2.2.53 所示。

（25）将绘制的所有图形进行组合并群组，完成后效果如图 2.2.54 所示。

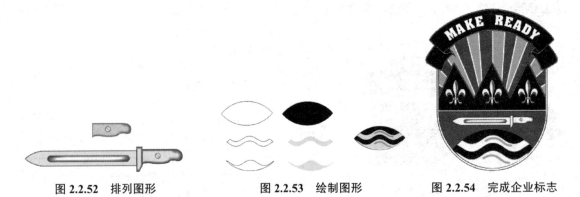

图 2.2.52 排列图形   图 2.2.53 绘制图形   图 2.2.54 完成企业标志

2.3.5　企业标志设计 B

（1）选择【文件】｜【新建】命令，在属性栏中设置页面大小为默认的 A4 尺寸，并更改页面为横向。

（2）单击工具箱中的【椭圆形工具】按钮，按住 Ctrl 键在页面中绘制 1 个正圆形，并填充 CMYK 值为（0，100，40，20）的颜色，如图 2.2.55 所示。

（3）单击工具箱中的【椭圆形工具】按钮，确定圆形中心位置，按 Ctrl+Shift 组合键沿中心绘制一个圆形，如图 2.2.56 所示。

 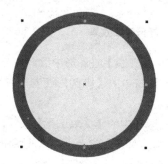

图 2.2.55　绘制圆形并填充　　　　　图 2.2.56　绘制圆形

（4）选择圆形，按 + 键，将圆形复制，然后在属性栏中设置【缩放因子】为 90，将圆形以中心缩放，如图 2.2.57 所示。

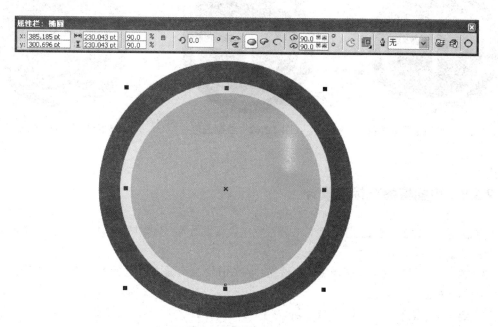

图 2.2.57　缩放圆形效果

（5）选中小圆形，选择【排列】｜【修整】命令，弹出【修整】对话框，单击【修剪】按钮，再单击圆形，修剪完成后如图 2.2.58 所示。

（6）单击工具箱中的【矩形工具】按钮，在圆形中绘制一个矩形，将圆形再次修剪，完成后如图 2.2.59 所示。

（7）修剪后在图形中绘制一个矩形，在【修整】对话框中选择【焊接】命令，单击【焊接到】按钮，然后单击修剪后的圆形，将图形焊接成一个整体，如图 2.2.60 所示。

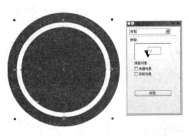  

图 2.2.58　修剪完成效果　　　　图 2.2.59　再次修剪完成后效果　　　图 2.2.60　焊接图形效果

（8）利用【矩形工具】在圆形中绘制 2 个矩形并将其焊接为一个整体，如图 2.2.61 所示。

（9）单击工具箱中的【椭圆形工具】按钮，按 Ctrl 键在圆形中绘制一个正圆形，如图 2.2.62 所示。

（10）单击工具箱中的【文本工具】按钮，在页面中输入英文"LG"，设置颜色为黑色，在文字属性栏中设置文字字体及文字大小，完成后如图 2.2.63 所示。

（11）选择【文件】|【保存】命令，在弹出的【保存绘图】对话框中输入文件名为"商标"，设置保存类型为【CDR-CorelDRAW】格式，将图形保存。

图 2.2.61　绘制矩形并焊接　　　　图 2.2.62　绘制圆形　　　　图 2.2.63　商标完成效果

2.3.6　中国植树节标志设计

（1）选择【文件】|【新建】命令，在属性栏中设置页面大小为默认的 A4 尺寸，选择【查看】|【增强模式】命令。

（2）单击工具箱中的【椭圆形工具】按钮，按 Ctrl 键在页面中绘制 2 个不同大小的正圆形，并以中心对齐，如图 2.2.64 所示。

（3）选中两个圆形，选择【排列】|【修整】|【后减前】命令，将两个重叠的圆形变成一个圆环，然后填充绿色，如图 2.2.65 所示。

（4）单击工具箱中的【椭圆形工具】按钮和【矩形工具】按钮，在页面中绘制一个圆形和一个矩形，如图 2.2.66 所示。

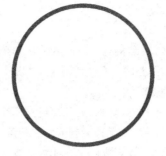

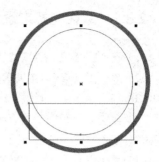

图 2.2.64 绘制 2 个正圆形   图 2.2.65 修剪圆形完成效果   图 2.2.66 绘制圆形和矩形

（5）选择圆形和矩形，选择【排列】|【修整】|【后减前】命令，将图形修剪完成后填充为绿色，如图 2.2.67 所示。

（6）单击工具箱中的【多边形工具】按钮，在属性栏中设置【多边形端点数】为 3，在页面中绘制 3 个三角形，并利用【矩形工具】在三角形下面绘制相应的矩形，如图 2.2.68 所示。

（7）单击工具箱中的【椭圆形工具】按钮，在三角形中绘制 1 个圆形，选中圆形，按 Ctrl 键向右移动到合适的位置右击，复制一个圆形，完成后如图 2.2.69 所示。

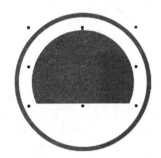

图 2.2.67 修剪图形完成效果   图 2.2.68 绘制图形   图 2.2.69 绘制圆形并复制

（8）选择其中一个圆形，选择【排列】|【修整】命令，弹出【修整】对话框，选中【来源对象】选项复选框，单击【修剪】按钮，再单击三角形，依次修剪完成后如图 2.2.70 所示。

（9）单击工具箱中的【贝塞尔工具】按钮，在修剪后的图形中绘制树形状并填充白色，如图 2.2.71 所示。

（10）单击工具箱中的【文本工具】按钮，在页面中输入"中国植树节"等文字，设置颜色为黑色，在文字属性栏中设置文字字体及文字大小，完成后效果如图 2.2.72 所示。

（11）选择【文件】|【保存】命令，在弹出的【保存绘图】对话中输入文件名为"中国植树节"，设置保存类型为【CDR-CorelDRAW】格式，将图形保存。

图 2.2.70 修剪图形效果   图 2.2.71 绘制树图形   图 2.2.72 完成效果

2.3.7　幸福苑标志设计

（1）选择【文件】|【新建】命令，在属性栏中设置页面大小为默认的A4尺寸，并更改页面为横向。

（2）单击工具箱中的【贝塞尔工具】按钮，在页面中绘制1个闭合曲线，并填充CMYK值为（53，100，38，3）的颜色，如图2.2.73所示。

（3）单击工具箱中的【矩形工具】按钮，在图形中绘制一个矩形，然后双击，在弹出旋转图标后将光标放置到中间位置，将中间箭头向右侧移动到合适的角度，倾斜完成后效果如图2.2.74所示。

（4）单击工具箱中的【基本形状工具】按钮，在属性栏中选择【平行四边形】，在页面中绘制出一个平行四边形，然后调整倾斜角度，如图2.2.75所示。

图2.2.73　绘制图形

图2.2.74　调整矩形角度

图2.2.75　倾斜四边形角度

（5）用同样的方法制作出另一个四边形，如图2.2.76所示。

（6）单击工具箱中的【矩形工具】按钮，在页面中绘制一个矩形，如图2.2.77所示。

（7）选中矩形，按Ctrl+Q组合键，将图形转换为曲线，单击工具箱中的【形状工具】，在图形中添加节点并调整各节点位置，然后填充CMYK值为（53，100，38，3）的颜色，完成效果如图2.2.78所示。

图2.2.76　完成四边形图形

图2.2.77　绘制矩形

图2.2.78　调整节点完成效果

（8）单击工具箱中的【矩形工具】按钮，在页面中绘制一个矩形，如图2.2.79所示。

（9）单击工具箱中的【文本工具】按钮，在页面中输入文字"幸福苑"，设置颜色为黑色，在文字属性栏中设置文字字体及大小，完成后如图2.2.80所示。

（10）选择文字，按Ctrl+Q组合键，将文字转换为曲线，单击工具箱中的【形状工具】按钮，在文字中添加节点并调整各节点位置，调整完成后如图2.2.81所示。

（11）选择【文件】|【保存】命令，在弹出的【保存绘图】对话框中输入文件名为"幸福苑商标"，设置保存类型为【CDR-CorelDRAW】格式，将图形保存。

图2.2.79　绘制矩形

图2.2.80　输入文字

图2.2.81　幸福苑商标效果

2.3.8 动感地带标志设计

（1）选择【文件】|【新建】命令，在属性栏中设置页面大小为默认的 A4 尺寸，选择【查看】|【增强模式】命令。

（2）单击工具箱中的【艺术笔工具】按钮，在属性栏中选择艺术笔触，并设置艺术媒体工具的宽度为 6，在页面中绘制一个图形，如图 2.2.82 所示。

（3）单击工具箱中【填充工具】的下拉三角按钮，在弹出的列表框中，单击【填充颜色对话框】按钮，在弹出的【标准填充】对话框中设置其颜色，如图 2.2.83 所示。

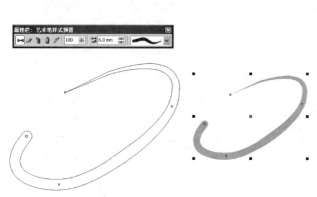

图 2.2.82 绘制图形

图 2.2.83 设置填充颜色

（4）设置艺术笔触为圆头，艺术媒体工具的宽度为 6，在页面中绘制文字图形，并填充 CMYK 值为（0，27，100，0）的颜色，如图 2.2.84 所示。

（5）单击工具箱中的【文本工具】按钮，在页面中输入文字"动感地带"，设置颜色 CMYK 值为（0，14，100，0），在文字属性栏中设置文字字体及文字大小，完成后如图 2.2.85 所示。

（6）选中文字，选择【效果】|【添加透视点】命令，在显示的透视网格中按 Ctrl+Shift+Alt 组合键，将右侧的节点向中心缩放透视，完成后如图 2.2.86 所示。

图 2.2.84 绘制文字图形

图 2.2.85 输入文字

图 2.2.86 调整透视点

（7）选中文字，按 Ctrl+C 组合键将文字进行复制，按 Ctrl+V 组合键将文字原位粘贴，在页面下方双击【轮廓色】按钮，在弹出的【轮廓笔】对话框中设置各项参数，如图 2.2.87 所示。

（8）设置完成后，单击【确定】按钮，完成后如图 2.2.88 所示。选择【排列】|【顺序】|【向后一位】命令，然后将文字向下和向左移动 2 次，调整文字位置，完成后如图 2.2.89 所示。

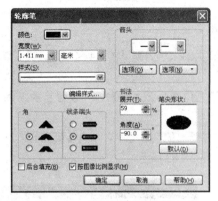

图 2.2.87 【轮廓笔】对话框

图 2.2.88 复制文字后效果

（9）单击工具箱中的【文本工具】按钮，在页面中输入文字"我的地盘 听我的"，设置颜色为黑色，在文字属性栏中设置文字字体及大小，完成后效果如图 2.2.90 所示。

（10）选择【文件】|【保存】菜单命令，在弹出的【保存绘图】对话框中输入文件名为"动感地带"，设置保存类型为【CDR-CorelDRAW】格式，将图形保存。

图 2.2.89 调整文字位置

图 2.2.90 完成效果

思考与练习

1. 思考题

（1）标志有哪些功能？

（2）标志的设计要求有哪些？

（3）标志设计的原则是什么？

（4）标志设计的表现形式有哪些？

2. 练习题

使用 CorelDRAW X6 软件，设计出三种类型的标志。

练习要求：符合各种类型标志的特点，可参照图 2.2.91 制作。

图 2.2.91 制作标志

项目训练 3
产品包装设计

学习目标

1. 了解包装的概念发展；
2. 掌握包装设计应用方法；
3. 理解包装设计的原则和要求；
4. 学会包装设计；
5. 懂得包装设计构思。

※ 3.1 训练1——包装的概念与发展

　　包装是利用图形要素在视觉传达方面的直观性、丰富性和生动性，将商品的内容和信息准确地传达给消费者，并凭借图形在视觉上的吸引力引起消费者的心理反应，进而引导消费者购买。包装设计中的图形，往往构成了包装整体形象的主要部分，使商品形象具有个性美和审美品位，并加强了产品的促销功能。

3.1.1 包装的概念

　　随着商品经济的发展，市场流通的扩大，包装在商业中的应用日渐广泛，逐渐成为商业流通中一种必要的媒介环节。作为意识文化和经济活动的双重载体，现代包装不仅是获取经济效益的竞争手段，也是企业文化的体现。图形、色彩、文字是构成商品包装的基本元素，其中图形设计在商品包装中起着举足轻重的作用，如图2.3.1所示。

3.1.2 包装的发展

　　包装的发展，基本由市场和社会两方面引导，即现代产品、消费、行销竞争引导发展和现代传播、文化、时代精神影响发展。

1. 新型包装原辅材料发展

　　老产品的更新、新产品的涌现使国际上大型超级市场的商品品种达到10万种以上。这种发展必然会对包装设计提出相应的新课题，如不能革新设计，就会被淘汰。

图2.3.1　包装的图形和文字

2. 营销竞争发展

　　营销竞争发展是最为直接影响包装设计的因素（图2.3.2），现代市场行销竞争在品种竞争、质量竞争、价格竞争、广告竞争、公关竞争、服务竞争和销售环境竞争等方面，开始从单项的、短期的向全方位的、长期的策划发展，不仅如此，还更注重形象和文化的竞争。

3. 媒体传播发展

　　从现代媒体传播发展来看，人们面对的不仅是产品信息，而且有日益增多的各类信息。因而，为了便于被消费者接受，产品信息应注重在美感表现与信息传达的融合之中加强识别性和可记忆性的个性处理。

图2.3.2　包装设计

※ 3.2　训练 2——包装设计中图形的分类与表现形式

3.2.1　包装设计中图形的分类

包装设计中的图形，从内容上主要分为产品实物形象、原材料形象、标志图形、象征图形。

（1）产品实物形象。产品实物形象是在包装上直接展现的商品实物形象，通过摄影或写实插图手法对产品进行美的视觉表现。

（2）原材料形象。原材料形象是指有一些加工后的商品，从外表上看不出其原材料，但这些商品在制造过程中，使用了与众不同的产品原材料，为了突出这一点，在包装上展现原材料的形象，如饮料，如图 2.3.3 所示。

（3）标志图形。标志图形较为醒目、直观，常用在以品牌定位的包装上，如图 2.3.4 所示。

图 2.3.3　原材料形象包装　　　　　图 2.3.4　标志图形包装

（4）象征图形。象征图形是运用与商品内容无关的形象，以比喻、借喻、象征等表现手法，突出商品的特性和功效。在商品本身的形态不适合直观表现或没有突出特点的情况下，这种表现方式可以增强产品包装的形象特征和趣味性。

3.2.2　包装设计中图形的表现形式

图形要素的表现形式多种多样，每一个创作者的表现语言也都有所不同，因此不同的技法也会产生不同的效果。总的来讲，包装设计中图形语言的表现形式有具象图形和抽象图形两种。

1. 具象图形表现形式

具象图形的表现技法是指对自然物、人造物的形象，用写实性、描绘性的手法来表现，让人一目了然，其特征是容易让人由已知的经验，直接引起识别及联想。

2. 抽象图形表现形式

抽象图形是指用点、线、面的变化组成有间接感染力的图形。在包装画面的表现上，抽象图形虽然没有直接的含义，但是同样可以传递一定的信息。抽象的点、线、面的变化可以成为联想表现的手段，引导观者的感受。抽象图形表现自由、丰富多样，从手法上有人为抽象图形、偶发抽象图形、抽象肌理、电脑辅助设计几类。

抽象图形是通过对点、线、面等造型元素进行精心的编排和设计，创造出视觉上具有个性的秩序感。编排的手法按照造型的形式规律进行节奏、韵律、对比、渐变、疏密等多种形式的组合，以创造出不同的视觉形象。

3. 图形表现形式在包装设计中的具体应用

包装上的图形与商品之间有相关性，才能充分地传达产品的特征，否则就不具有任何意义（图2.3.5）。那么什么样的产品包装需要具象的图形？什么样的产品包装需要抽象的图形？笔者选择了饮料、化妆品、罐头食品、糕饼、蜜饯糖果、香烟、文具、药品、清洁用品9大类。

图 2.3.5　包装类别

在包装上使用较多的具象图形，包括罐头食品、糕饼、饮料、糖果等类，较多使用抽象图形的则有文具、清洁用品、化妆品等类。由此可以得知，产品若偏重于生理的（如饮食），则较多使用具象的图形；若较偏重于心理的（如化妆品、美化外表的、体现社会地位的、彰显权势的），则较多使用抽象的图形。

※　3.3　训练3——包装设计的原则与基本要素

3.3.1　包装设计的原则

（1）形式与内容要表里如一、具体鲜明，让人一看包装即可知道商品本身。

（2）充分展示商品，包括使用彩色照片和全透明包装袋来真实地再现商品。

（3）有具体详尽的文字说明。在包装图案上要有关于产品的原料、配制、功效、使用和养护等具体说明，必要时还应配上简洁的示意图。

（4）要强调商品形象色。以透明包装或彩色照片充分表现商品本身的固有色，长此以往能让人快速地凭色彩确知包装物的内容。

3.3.2　包装设计的基本要素

包装设计的基本要素有文字信息要素和造型形象要素两种。

1. 文字信息要素

文字是传达思想、交流感情和信息、表达某一主题内容的符号。商品包装上的牌号、品名、说明文字以及生产厂家、公司或经销单位的文字信息等，反映了包装的本质内容。设计包装时必须把文字作为包装整体考虑。

产品文字信息主要有：产品名称，产品形态、材质、功能、用法，产品规格、型号、条形编码，产品等级档次和属性特点，如图 2.3.6 所示。

2. 造型形象要素

（1）造型形象是最具创意性的部分，有具象形态和抽象形态之分，主要以产品标志图形、名称含义、外观形态、功能效用、材质成分、某种属性、消费对象和地方性特点为主体进行表现，如图 2.3.7 所示，在设计中须依表现定位的需要而具体处理。

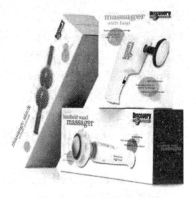

图 2.3.6　产品文字信息

（2）在考虑包装设计的造型要素时，还必须从形式美法则的角度去认识。应按照包装设计的形式美法则以及产品自身功能的特点，将各种因素有机、自然地结合起来，以求得完美统一的设计形象。

（3）色彩设计在包装设计中占据重要的地位。色彩是美化和突出产品的重要因素。包装色彩的运用与整个画面设计的构思、构图有着紧密的联系。包装设计中的色彩要求醒目、对比强烈、有较强的吸引力和竞争力，以唤起消费者的购买欲望，促进销售。

图 2.3.7　包装造型

※　3.4　训练 4——包装设计构思

3.4.1　设计的核心问题

包装设计构思的核心问题包括确定集中表现的内容、设计的重点和表现形式的选择及深化。

1. 表现的内容

设计时要尽可能多地了解有关的资料，加以比较和选择，进而确定表现重点。要做到这一点，就需要设计者有丰富的有关商品和市场的营销意识，以及对生活知识、文化知识的积累。

2. 设计的重点

包装设计的重点是选择商标品牌、商品本身和消费对象 3 个方面，主要包括商品的商标形象、品牌含义；功能效用，质地属性；产地背景，地方因素和消费对象。一些具有突出特色的某种产品或新产品的包装可以用产品本身作为设计重点；一些对使用者针对性强的商品包装可以以消费者为设计重点。

3. 表现形式的选择及深化

如果以商标、品牌为表现重点（图2.3.8），要明确是表现商品形象还是表现品牌所具有的含义；如果以商品本身为表现重点，要明确是表现商品外在形象还是表现商品的某种内在属性，以及是表现其组成成分还是表现其功能效用。事物都有不同的认知角度，在表现时集中于某一个角度进行深化，将有益于表现商品的鲜明性特点。

图2.3.8　以品牌为表现重点

3.4.2　包装设计构思角度

1. 从表现形式构思包装设计

包装设计表现不仅需要了解、分析产品与市场因素，而且需要设计者丰富的生活经验与文化积累以及敏锐的嗅觉和灵活的想象力，如图2.3.9所示。一般要考虑以下方面：

（1）设计主体与非主体图形，要考虑用绘画还是照片，具象还是抽象，变形还是写实，归纳还是夸张，是否采用一定的工艺形式，方向位置如何处理等。

（2）色彩主色调的运用，要考虑各部分色块的色相、明度和彩度把握，不同色块间的相互关系，不同色彩面积的变化等。

（3）品牌与品名字体设计，要考虑字体的大小与主体图形的位置编排，以及主体文字、造型、色彩、文字各部分的相互构成关系。

（4）从构图及图形的设计上考虑。采用不同于传统的构图形式，如集中式、分割式、均衡式、散点穿插式等具有现代风格的构图形式，可以较明确地向消费者传达当今的时代感信息。

图2.3.9　灵活的想象

（5）从设计的编排上考虑，采用比较现代的文字编排形式，如齐边式、齐轴线式、斜排式、象形式、插入式、阶梯式和渐变式等编排形式，可以体现出当今的时代感信息。

（6）从字体的设计上考虑，包装上的文字可以采用具有现代感的字体，如新宋体、新黑体、综艺体、琥珀体、新魏体以及自行设计的各种变体美术字，还可以运用外文或汉语拼音等各种字体来体现当今的现代感信息。

（7）从表现技法的运用上来考虑，如采用彩色或黑白摄影、高科技电脑制作、仿自然形态等技法也能体现当今的现代感信息。

2. 从生产过程构思包装设计

包装设计要清楚包装的功能，熟悉包装技术和材料，要根据市场的需要，有的放矢地选择一定的形式进行设计，具有整体性和系统性。它要求设计者具有广博的知识，了解市场、工艺、消费者各方面的需求，且把个人的聪明才智和企业、销售商及消费者的利益紧密联系在一起。

3. 从包装功能方面构思包装设计

包装设计要充分考虑包装的保护功能的设计，如由文化差异和自然因素等方面而产生的意想不到的结果和损害。包装设计要根据商品的特点、性质等，消除光线、潮湿等各种因素带来的不良作用（图2.3.10）。

4．从包装形式方面构思包装设计

（1）要便于储存运输。储运包装一般都是长方体造型，设计销售包装时要考虑集装的问题。特别是一些不规则的异体包装盒或容器，如能外加方形或相互组合成方体，就可以避免浪费大包装及占用仓储空间。

（2）要便于陈列展销。应根据各种商品的特点，结合包装展示进行总体考虑，使商品形象、文字、商标图形等相协调。开窗包装多为纸盒，要保证盒子的牢固度，窗口开设的位置大小、形状都要从整体来考虑设计。

图 2.3.10　包装的功能设计

（3）要便于消费者使用。为方便消费者使用，有些商品（如咖啡包装袋采用纸、铝、塑料复合材料设计）不仅有容纳作用，还可以将包装袋变成带把手的杯子，使用起来非常方便，特别适用于热饮。这种包装形式实际上增加了使用功能。

（4）要符合礼品包装的特点。礼品包装是消费者用以馈赠亲友的一种包装形式，一般人们赠送礼品都比较喜欢选用包装精致、设计独特、美观的包装造型，因此设计时要注重时间性、对象性、艺术性（图 2.3.11）。

图 2.3.11　礼品包装

5．从包装材料构思包装设计

包装材料是包装设计的关键因素之一。设计时应充分研究包装材料的发展和变化，学会选材、用材，充分发挥材质的作用，努力做到凸显个性、物尽其用。

※ 3.5　训练 5——包装设计应用实例

3.5.1　茶包装袋设计

（1）新建一个页面，在属性栏中修改纸张大小为 190mm×297mm。

（2）单击工具箱中的【矩形工具】按钮，创建一个和纸张大小相同的矩形，单击工具箱中的【挑选工具】按钮，向下拖动矩形上方的控制点，如图 2.3.12 所示。

（3）单击工具箱中的【矩形工具】按钮，绘制两个矩形，分别对齐页面上方和底部，如图 2.3.13 所示。

（4）选中最大的矩形，单击工具箱中的【渐变填充】按钮，在弹出的【渐变填充】对话框中设置填充类型为【线性】、渐变角度为 90 度，渐变颜色从左到右依次为：绿、酒绿、淡黄、淡黄。在调色板中将上方和底部的矩形分别填充绿色和草绿色，效果如图 2.3.14 所示。

（5）单击工具箱中的【矩形工具】按钮，绘制两个矩形，分别填充白色和草绿色，将白色矩形放置在上方绿色的矩形上，草绿色矩形放置在下方矩形上，如图 2.3.15 所示。

（6）单击工具箱中的【折线工具】按钮，按 Ctrl 键在页面中绘制两条折线，使线段保持水平或垂直，如图 2.3.16 所示。

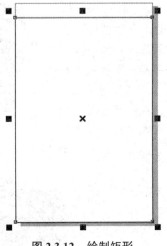

图 2.3.12 绘制矩形

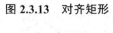

图 2.3.13 对齐矩形

图 2.3.14 填充颜色

图 2.3.15 绘制矩形

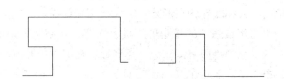

图 2.3.16 绘制折线

（7）将两条折线重叠放置并选中，单击属性栏中的【轮廓笔工具】按钮，在弹出的【轮廓笔】对话框中设置轮廓笔颜色为月光绿、轮廓笔宽度为 0.75mm，如图 2.3.17 所示。

（8）单击工具箱中的【矩形工具】按钮，按 Ctrl 键绘制一个正方形，设置轮廓笔颜色为月光绿、轮廓笔宽度为 0.75mm、填充颜色为草绿色、旋转角度为 60 度，如图 2.3.18 所示。

（9）将旋转后的矩形移动到折线图形上，将两者选中，按 Ctrl+G 组合键进行群组，如图 2.3.19 所示。

（10）选择【排列】|【变换】|【位置】命令，在打开的【变换】泊坞窗中设置相对位置为【右中】，单击【应用到再制】按钮十次，进行再制。将 11 个图形选中后群组，结果如图 2.3.20 所示。

图 2.3.17　折线轮廓设置　　　　　　　　　　图 2.3.18　矩形设置

图 2.3.19　群组折线轮廓与矩形　　　　　图 2.3.20　再制后群组图形

（11）在属性栏中将图案群组宽度设置为 190mm，移动到页面上方的绿色矩形上，选择【排列】|【对齐和分布】|【在页面水平居中】命令，将图案水平居中放置，如图 2.3.21 所示。

（12）单击工具箱中的【贝塞尔工具】按钮，绘制若干条曲线组成不规则图案，将所有曲线群组并复制一组，设置轮廓色为酒绿色，如图 2.3.22 所示。

图 2.3.21　放置图案　　　　　　　　　　图 2.3.22　曲线图案

（13）通过【变换】泊坞窗将图案进行再制，将所有图案群组后，选择【效果】|【图框精确裁剪】|【放置在容器中】命令，单击页面中填充渐变颜色的矩形，将图案群组置入矩形，如图 2.3.23 所示。

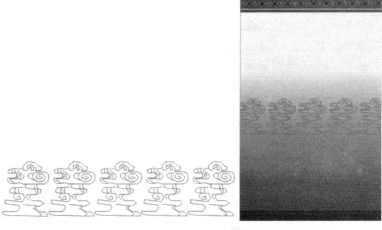

图 2.3.23 置入图案

（14）在置入图案的矩形上右击，在弹出的菜单中选择【编辑内容】命令，调整图案位置后，再次右击，在弹出的菜单中选择【结束编辑】命令，结果如图 2.3.24 所示。

（15）将曲线图案进行复制，设置轮廓色为绿色，然后进行再制，选中其中两个并单击属性栏中的【垂直镜像】按钮垂直翻转，然后将所有图案进行群组，如图 2.3.25 所示。

（16）选中绿色图案并将其群组，选择【效果】|【图框精确裁剪】|【放置在容器中】命令，单击页面中填充渐变颜色的矩形，将图案群组置入矩形，编辑内容调整位置后如图 2.3.26 所示。

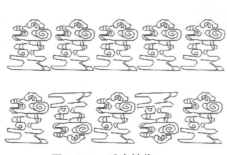

图 2.3.24 编辑内容 　　　　图 2.3.25 垂直镜像 　　　　图 2.3.26 置入图案

（17）用同样的方法制作两组图案，分别填充酒绿色和黄色，放置在矩形中，完成图案的制作，如图 2.3.27 所示。

（18）单击工具箱中的【矩形工具】按钮，绘制一个矩形，在属性栏中设置矩形的边角圆滑度，如图 2.3.28 所示。

（19）单击工具箱中的【文本工具】按钮，在属性栏中单击【将文本更改为垂直方向】按钮，输入文字"珍芽"，将"珍"字设置为【华文彩云】，"芽"字设置为【楷体】，字体大小均设置为40pt，如图 2.3.29 所示。

（20）把文字相对于矩形居中放置，设置文字"珍芽"填充色为红色、矩形和"芽"字的轮廓色为红色，将文字与矩形移动到页面左上角，如图 2.3.30 所示。

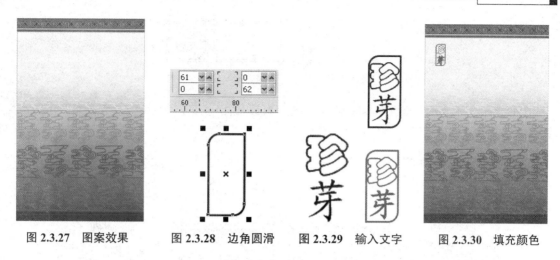

| 图 2.3.27　图案效果 | 图 2.3.28　边角圆滑 | 图 2.3.29　输入文字 | 图 2.3.30　填充颜色 |

（21）单击工具箱中的【矩形工具】按钮，绘制一个矩形，在属性栏中设置其旋转角度为 45 度，如图 2.3.31 所示。

（22）单击工具箱中的【椭圆形工具】按钮，绘制一个椭圆，放置在旋转后的矩形右侧。选中椭圆和矩形后将其水平居中对齐，如图 2.3.32 所示。

图 2.3.31　旋转矩形　　　　　图 2.3.32　绘制椭圆

（23）选中矩形和椭圆，再通过【变换】泊坞窗进行再制，然后删除最右侧的椭圆形。将所有图形群组，填充黄色，设置轮廓笔宽度为 0.75mm，如图 2.3.33 所示。

（24）单击工具箱中的【文本工具】按钮，输入文字"日照特产"，在属性栏中设置字体为【隶书】，大小为 24pt，然后和黄色群组，水平居中对齐，放置在页面右上侧，如图 2.3.34 所示。

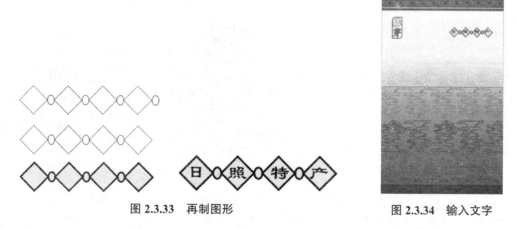

图 2.3.33　再制图形　　　　　　　图 2.3.34　输入文字

（25）单击工具箱中的【矩形工具】按钮，按 Ctrl 键绘制一个正方形，然后原位缩小并复制一个，将较大的正方形填充为绿色，较小的正方形填充为白色。原位复制两个正方形缩小，将最上层的正方形填充为月光绿，如图 2.3.35 所示。

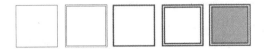

图 2.3.35 绘制方形

（26）将正方形移动到页面中，使用白色方形修剪最大的正方形，然后删除白色正方形，产生镂空效果，如图 2.3.36。

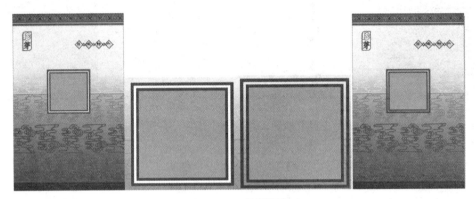

图 2.3.36 修剪图形

（27）单击工具箱中的【矩形工具】按钮，绘制矩形并填充春绿色，单击【文本工具】按钮，输入文字"RIZHAOGREENTEA"，设置填充颜色 CMYK 值为（0，10，70，0），然后在下方输入文字"F---A---M---O---U---S---T---E---A"，如图 2.3.37 所示。

（28）单击工具箱中的【艺术笔工具】按钮，在属性栏中单击【喷灌】按钮，在【喷涂】列表框中选择图案，分别喷涂出叶子和小草图案。打散艺术笔群组后取消群组，挑选需要的图形，将其中一个叶子填充白色到绿色的线性渐变，如图 2.3.38 所示。

（29）将艺术笔喷涂出的图案移动到页面中合适位置，并调整大小，如图 2.3.39 所示。

图 2.3.37 输入文字　　　图 2.3.38 艺术笔工具　　　图 2.3.39 移动位置

（30）单击工具箱中的【矩形工具】按钮，绘制一个矩形，在属性栏中设置旋转角度为 45 度，然后复制两个，将三个矩形的填充色和轮廓色均设置为橘红色，如图 2.3.40 所示。

（31）再复制一个矩形，单击工具箱中的【渐变填充】按钮，在弹出的【渐变填充】对话框中设置渐变类型为方角、中心位移为（-10，10）、渐变色为从橘红色到白色、填充轮廓色为淡黄色，如图 2.3.41 所示。

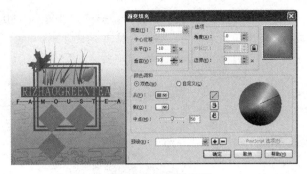

图 2.3.40　旋转矩形

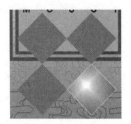

图 2.3.41　方角填充

（32）单击属性栏中的【文本工具】按钮，输入文字"日照绿茶"，设置字体分别为【宋体】【隶书】和【方正舒体】，如图 2.3.42 所示。

（33）在页面底部输入公司名称文字和净含量，将所有图形群组，完成包装平面图的制作，如图 2.3.43 所示。

图 2.3.42　字体设置

图 2.3.43　平面效果图

（34）选中平面效果图，选择【排列】｜【添加透视】命令，移动透视点，制作出透视效果，如图 2.3.44 所示。

（35）单击工具箱中的【贝塞尔工具】按钮，绘制一个不规则图形，放置在包装透视图的左侧，作为包装立体图的侧面，如图 2.3.45 所示。

图 2.3.44　添加透视

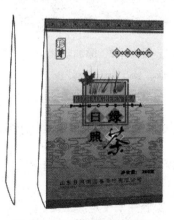

图 2.3.45　绘制透视图侧面

（36）单击工具箱中的【渐变填充】按钮，在打开的【渐变填充】对话框中设置角度为 90 度，渐变颜色依次为绿色、酒绿色、白黄、黄色，轮廓色为酒绿色。然后将侧面不规则图形与包装透视图群组，如图 2.3.46 所示。

图 2.3.46　渐变填充

（37）单击工具箱中的【交互式阴影工具】按钮，从包装图上向左上方拖动鼠标，制作阴影效果，如图 2.3.47 所示。

（38）在属性栏中设置阴影颜色为 30% 黑，完成包装立体图的制作，如图 2.3.48 所示。

图 2.3.47　添加阴影　　　　　　　　图 2.3.48　包装立体效果图

3.5.2　茶包装袋展架效果图制作

（1）单击工具箱中的【矩形工具】按钮，绘制一个矩形，单击矩形中间的【×】形，拖动倾斜手柄将矩形进行倾斜，如图 2.3.49 所示。

（2）单击工具箱中的【矩形工具】按钮，绘制一个矩形，进行倾斜并调整位置，使其与刚才绘制的矩形对齐，如图 2.3.50 所示。

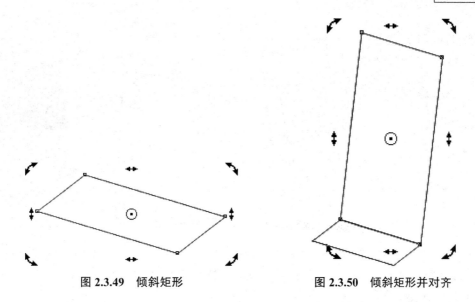

图 2.3.49　倾斜矩形　　　　　　　　　图 2.3.50　倾斜矩形并对齐

（3）保持刚才绘制的矩形处于选中状态，单击属性栏中的【全部圆角】按钮，将其解锁，改变矩形左上角的边角圆滑度为 50，如图 2.3.51 所示。

（4）在页面中绘制一个矩形，进行倾斜后将其转换为曲线，单击工具箱中的【形状工具】按钮，进行节点的添加和调整，如图 2.3.52 所示。

（5）拖动由矩形编辑节点组成的图形到合适位置后，右击复制一个，然后调整大小，如图 2.3.53 所示。

（6）单击工具箱中的【矩形工具】按钮，绘制一个矩形，进行倾斜后放置到合适位置，如图 2.3.54 所示。

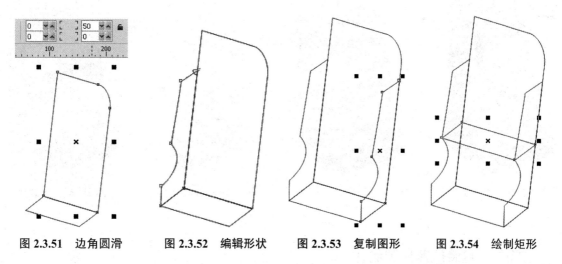

图 2.3.51　边角圆滑　　　图 2.3.52　编辑形状　　　图 2.3.53　复制图形　　　图 2.3.54　绘制矩形

（7）绘制一个矩形，进行倾斜操作后，贴齐刚才绘制的矩形放置，如图 2.3.55 所示。复制一个矩形，改变倾斜度和大小后放置在底部，如图 2.3.56 所示

（8）单击工具箱中的【折线工具】按钮，绘制一个三角形，移动到合适位置，完成展架立体框架的制作，如图 2.3.57 所示。

（9）将处于展架外侧的部分填充为绿色，处于展架内侧的部分填充为月光绿，如图 2.3.58 所示。

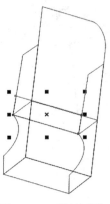

图 2.3.55 倾斜矩形

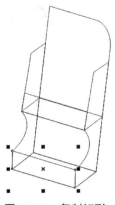

图 2.3.56 复制矩形

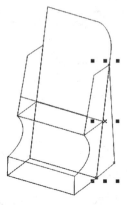

图 2.3.57 绘制折线

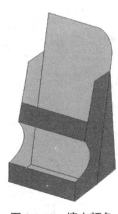

图 2.3.58 填充颜色

（10）单击工具箱中的【文本工具】按钮，输入文字"日照绿茶"，在属性栏中设置"日照绿"的字体为【隶书】，"茶"的字体为【方正舒体】，字体颜色为白色，倾斜后复制一组，移动到合适位置，如图 2.3.59 所示。

（11）插入产品相关图形和文字，调整后放置在展架框架上，完成展架立体图的制作，如图 2.3.60 所示。

（12）选择【文件】|【导入】命令，导入制作好的茶叶包装图并进行倾斜，使用【交互式阴影工具】为包装图添加阴影，如图 2.3.61 所示。

（13）将包装图进行缩放后，移动到展架上，复制几个，再调整构成展架图形的图层顺序，完成后效果如图 2.3.62 所示。

图 2.3.59 输入文字

图 2.3.60 展架立体效果

图 2.3.61 添加阴影

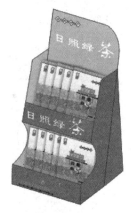

图 2.3.62 效果图

3.5.3 包装瓶效果图制作

（1）单击工具箱中的【矩形工具】按钮，绘制一个矩形，如图 2.3.63 所示。

（2）右击矩形，在弹出的菜单中选择【转换为曲线】命令，单击工具箱中的【形状工具】按钮，添加两个节点后进行调节，如图 2.3.64 所示。

（3）在节点上右击，在弹出的快捷菜单中选择【曲线】命令，再次右击，选择【平滑】命令，把节点转换为光滑的曲线，然后调整节点的控制手柄，如图 2.3.65 所示。

（4）单击工具箱的【文本工具】按钮，输入文字"香辣酱"，设置字体为【隶书】、大小为 72pt，填充颜色为红色，如图 2.3.66 所示。

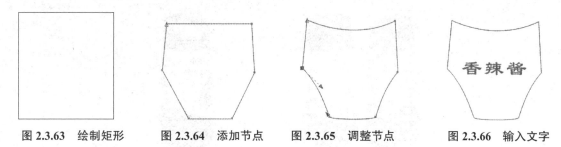

图 2.3.63 绘制矩形　　图 2.3.64 添加节点　　图 2.3.65 调整节点　　图 2.3.66 输入文字

（5）单击工具箱中的【椭圆形工具】按钮，按 Ctrl 键绘制一个正圆，填充红色并复制一个，移动到文字"香辣酱"的左上方，如图 2.3.67 所示。

（6）单击工具箱中的【文本工具】按钮，输入文字"四川"，设置字体样式为【经典繁粗变】、大小为 32pt、颜色为白色，如图 2.3.68 所示。

（7）输入文字"特色口味 辣而香醇"，设置字体样式为【黑体】、大小为 24pt、颜色为红色，完成标签的制作，如图 2.3.69 所示。

（8）选择【文件】|【导入】命令，导入【瓶子 .PSD】文件，如图 2.3.70 所示。

图 2.3.67 绘制正圆　　图 2.3.68 输入文字　　图 2.3.69 完成的标签　　图 2.3.70 导入瓶子文件

（9）将瓶子移动到制作好的标签处，按 Ctrl+PageDown 组合键置于图层最下方，如图 2.3.71 所示。

（10）取消白色图形的轮廓色，按 + 键原位复制一个，然后按 Ctrl+PageUp 组合键将其置于最上层，填充 20% 黑，如图 2.3.72 所示。

（11）单击工具箱中的【刻刀工具】按钮，在垂直方向上对复制出的图形进行切割，如图 2.3.73 所示。

图 2.3.71 图层顺序　　　　图 2.2.72 复制图形　　　　图 2.3.73 切割图形

（12）单击工具箱中的【交互式透明工具】按钮，对切割出的两侧图形分别进行交互式透明操作，如图 2.3.74 所示。将所有图形群组，完成后效果如图 2.3.75 所示。

图 2.3.74　交互式透明操作　　　　图 2.3.75　效果图

※ 3.6　训练 6——CorelDRAW X6 与 Photoshop CS6 结合包装设计实例

3.6.1　食品包装袋设计

（1）新建文件，在属性栏中设置页面大小默认为 A4，在【查看】菜单中选择显示模式为【增强模式】。

（2）单击工具箱中的【椭圆形工具】按钮，绘制椭圆形，然后组合图形。使用【贝塞尔工具】工具绘制圆滑的曲线，通过改变控制节点的位置来控制及调整曲线的弯曲程度。单击【填充工具】按钮，在【填充属性】列表框中，可以选择【渐变填充】，如图 2.3.76 所示。

图 2.3.76　绘制轮廓并填充

（3）用同样的方法绘制图 2.3.77 所示的图案，在【填充属性】列表框中，选择【渐变填充】，在弹出的【渐变填充】对话框中分别选择【线性填充】和【射线填充】。

（4）将前面制作的分步图形进行组合，调整位置，如图 2.3.78 所示。

图 2.3.77　颜色填充　　　　　　图 2.3.78　组合调整后效果

（5）使用【矩形工具】绘制矩形和圆角矩形，在属性栏中将显示出该图形对象的属性参数，通过改变属性栏中的相关参数，可以精确地调整圆角矩形。在工具箱中单击【文本工具】按钮，输入文本，然后组合图形，使用【贝塞尔工具】可以比较精确地绘制曲线，如图 2.3.79 所示。

图 2.3.79　组合图形

（6）用同样的方法绘制图 2.3.80 所示的图案与添加文字。

图 2.3.80　绘制图案与添加文字

（7）在工具箱中选中【挑选工具】后，单击拖动鼠标，将前面制作的分步图形进行组合，调整位置，如图 2.3.81 所示。

（8）调整页面中所有图形的位置，完成彩笛卷食品包装袋设计，如图 2.3.82 所示。

图 2.3.81　图形组合

图 2.3.82　彩笛卷食品包装袋设计

（9）将背景矩形转换为曲线，使用工具箱中的【变形工具】，使包装产生动感，如图 2.3.83 所示。

（10）单击工具箱中的【交互式阴影工具】按钮，为不规则矩形添加阴影，为包装效果图增加立体感，如图 2.3.84 所示。

图 2.3.83 将矩形变形

图 2.3.84 添加阴影

3.6.2 peppery 食品包装设计

（1）打开 CorelDRAW X6，新建文件后，在属性栏中设置页面大小默认为 A4，在【查看】菜单中可以选择显示模式为【增强模式】。

（2）单击工具箱中的【矩形工具】按钮，绘制矩形，如图 2.3.85 所示，然后填充渐变颜色，如图 2.3.86 所示。

图 2.3.85 渐变填充

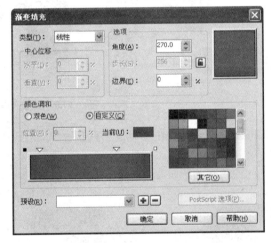

图 2.3.86 【渐变填充】对话框

（3）单击工具箱中的【文本工具】按钮，输入文本，然后复制文字并进行组合。适当旋转倾斜，调整到所需效果，如图 2.3.87 所示。

（4）单击工具箱中的【文本工具】按钮，输入文本，放到适当位置，如图 2.3.88 所示。

图 2.3.87 组合文字

图 2.3.88 组合文字

（5）单击工具箱中的【星形工具】按钮，绘制一个星形，设置边数为5、锐度为30（可根据需要适当调整）。

（6）单击工具箱中的【轮廓工具】按钮，为星形添加边框，并填充边框颜色，复制星形进行组合，如图2.3.89所示。选择【效果】|【图框精确裁切】|【放置在容器中】命令，然后单击之前制作好的矩形，如图2.3.90所示。

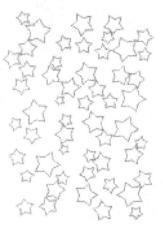

图2.3.89 绘制星星　　　　　　　　　　　　　　图2.3.90 组合图形

（7）在Photoshop CS6中打开【素材1】，使用【魔术橡皮擦工具】将图片的背景删除，如图2.3.91所示。选择【图像】|【调整】|【色相饱和度】命令，将饱和度调整到35。修改完毕后储存为PSD格式，如图2.3.92所示。

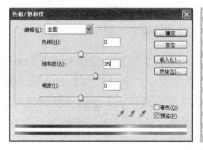

图2.3.91 擦除背景　　　　　　　　　　　图2.3.92 调整饱和度

（8）在CorelDRAW X6中，单击工具箱里的【贝塞尔工具】按钮，勾画出不规则矩形，如图2.3.93所示。

（9）导入在Photoshop CS6中做好的图，然后单击【效果】|【图框精确裁切】|【放置在容器中】命令，出现一个黑色箭头后单击不规则矩形，将图片放置在不规则矩形中，如图2.3.94所示。

（10）单击工具箱中的【交互式阴影工具】按钮，为图片添加阴影效果，如图2.3.95所示。

（11）使用【文本工具】，输入文本，放到适当位置。

（12）单击工具箱中的【贝塞尔工具】按钮，勾画出火的形状，如图2.3.96所示。将形状与输入的文本进行组合，如图2.3.97所示。

（13）复制几个刚才绘制的火图形。使用【矩形工具】绘制90mm×35mm的矩形，用图框精确裁切的方法把复制的火图形置入绘制的矩形中，置入后如果觉得位置不满意，可以右击选择编辑内容进行调整，如图2.3.98所示。

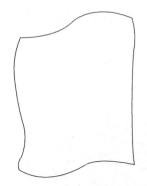

图 2.3.93　绘制不规则矩形

图 2.3.94　设置效果

图 2.3.95　添加阴影效果

图 2.3.96　绘制火图形

图 2.3.97　图形组合

图 2.3.98　绘制矩形

（14）单击工具箱中的【椭圆形工具】按钮，绘制 3mm×3mm 的椭圆，单击菜单栏中的【窗口】按钮，在下拉菜单中选择【变换】命令，打开【变换】泊坞窗，在【水平】文本框中输入数值 3，选中【相对位置】复选按钮，单击【应用到再制】按钮对椭圆进行复制。多次单击【应用到再制】按钮复制多个椭圆，然后将所有椭圆进行群组，如图 2.3.99 所示。

图 2.3.99　【变换】对话框

（15）选择【排列】|【造形】|【造形】命令，在【造形】泊坞窗的下拉列表中选择【修剪】选项，如图 2.3.100 所示。对椭圆形和制作好的图形进行修剪，完成效果如图 2.3.101 所示。

图 2.3.100　【造形】泊坞窗　　　　　　图 2.3.101　修剪后图形

（16）选择工具箱中的【变形工具】，进行细节的调整，如图 2.3.102 所示。

（17）使用【钢笔工具】绘制高光，为包装添加质感和立体感，完成后效果如图 2.3.103 所示。

图 2.3.102　使用【变形工具】调整　　　　　图 2.3.103　最后完成效果

3.6.3　绿茶包装盒设计

（1）打开 CorelDRAW X6，新建文件后，在属性栏中设置页面大小默认认为 A4，在【查看】菜单中选择显示模式为【增强模式】。

（2）单击工具箱中的【矩形工具】按钮和【贝塞尔工具】按钮绘制纸盒的外框，绘制 5 个矩形并进行组合，如图 2.3.104 所示。设置填充颜色 CMYK 值为（100，0，100，0），如图 2.3.105 所示。

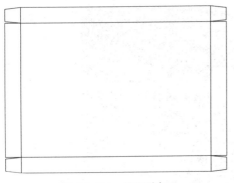

图 2.3.104 绘制外框

图 2.3.105 填充颜色

（3）导入【素材1】并置入矩形中，单击工具箱中的【交互式透明工具】按钮，对置入的图片进行透明处理，如图 2.3.106 所示。

（4）单击工具箱中的【文本工具】按钮，输入文字，并对文字进行组合，如图 2.3.107 所示。

图 2.3.106 交互式透明

图 2.3.107 输入文字

（5）单击工具中里的【填充工具】按钮，在弹出的下拉菜单中选择【渐变填充】命令，也可以直接按快捷键 F11，对"醇香"做渐变处理。参数设置和渐变效果如图 2.3.108 和图 2.3.109 所示。

图 2.3.108 【渐变填充】对话框

图 2.3.109 渐变填充

（6）打开 Photoshop CS6 后，打开【素材2】，如图 2.3.110 所示。选择【调整】|【色彩平衡】命令，对图片进行调整，调整后效果如图 2.3.111 所示。

图 2.3.110　素材 2　　　　　　　　　　图 2.3.111　调整色彩平衡后效果

（7）将调整好的图片保存为 PSD 格式，并导入 CorelDRAW X6 中。单击工具箱中的【贝塞尔工具】按钮，勾画出茶叶的形状。选中 PSD 格式的图片，执行【效果】|【图框精确裁切】|【放置在容器中】命令，出现一个黑色箭头后单击勾画好的茶叶形状。置入后效果如图 2.3.112 所示。

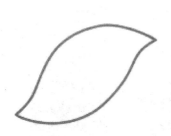

图 2.3.112　图框精确裁切

（8）单击工具箱中的【贝塞尔工具】按钮，勾画出茶叶下半部分形状，如图 2.3.113 所示。

（9）单击工具箱中的【文本工具】按钮，输入文字"茶"，填充颜色和边框色。单击工具箱里的【交互式阴影工具】按钮，对"醇香"进行投影处理，如图 2.3.114 示。

（10）将做好的文字和图形进行群组，完成制作。

图 2.3.113　绘制图形　　　　　　　　　图 2.3.114　完成效果

3.6.4　桑菊药盒设计

（1）新建文件后，在属性栏中设置页面大小默认为 A4，在【视图】菜单中可以选择显示模式为【增强模式】。

（2）使用【矩形】和【多边形工具】绘制图形，在属性栏中会显示出该图形对象的属性参数，通过改变属性栏中的相关参数，可以精确地调整矩形和多边形，如图 2.3.115 所示。

图 2.3.115　绘制图形

（3）使用【矩形工具】绘制图形，在工具箱中单击【文本工具】，输入文本，然后组合文字与图形，如图 2.3.116 所示。

（4）使用辅助线确定包装盒位置，将组合的文字与图形按照如图 2.3.117 所示进行排列。

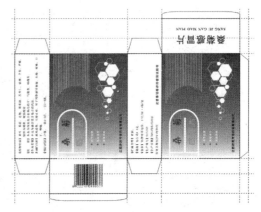

图 2.3.116　文字与图形　　　　　　　图 2.3.117　颜色填充

（5）使用【矩形工具】绘制矩形，在工具箱中选中【交互式立体化工具】，添加立体化效果，在工具箱中选中【挑选工具】后，选择【旋转】和【倾斜】命令调整包装分步图形位置，完成桑菊药盒设计，如图 2.3.118 所示。

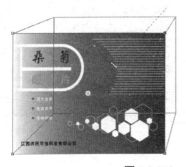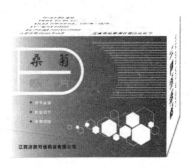

图 2.3.118　桑菊药盒设计

3.6.5　护眼牌眼药水纸盒设计

（1）新建文件后，在属性栏中设置页面大小默认为 A4，在【查看】菜单中选择显示模式为【增强模式】。

（2）单击工具箱中的【矩形工具】和【贝塞尔工具】按钮，绘制纸盒的外框，如图 2.3.119 所示。

（3）使用【矩形工具】和【多边形工具】绘制图形，在属性栏中将显示该图形对象的属性参数，通过改变属性栏中的相关参数，可以精确地调整矩形和多边形，如图 2.3.120 所示。

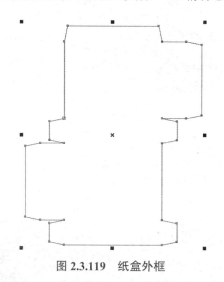

图 2.3.119　纸盒外框

图 2.3.120　绘制图形

（4）使用【贝塞尔工具】和【椭圆形工具】绘制眼睛矢量图，如图 2.3.121 所示。然后为眼睛填充相应的颜色，如图 2.3.122 所示。

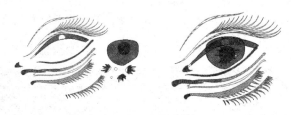

图 2.3.121　绘制眼睛图形

图 2.3.122　填充颜色

（5）单击工具箱中的【文本工具】按钮，在纸盒的正面输入文字，如图 2.3.123 所示。

图 2.3.123　输入文字完成效果

（6）使用【矩形工具】绘制矩形，设置【渐变填充】效果，填充参数如图 2.3.124 所示。复制眼睛和文字图形到矩形，制作纸盒的上下两个面，如图 2.3.125 所示。

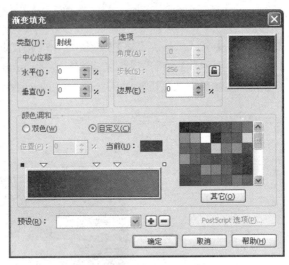

图 2.3.124　渐变填充参数

图 2.3.125　上、下两个面

（7）绘制一个矩形，单击工具箱中的【形状工具】按钮，调整矩形的边角圆滑度，设置填充颜色 CMYK 值为（41，1，5，0）、描边为黑色，如图 2.3.126 所示。粘贴文字，最终效果如图 2.3.127 所示。

图 2.3.126　调整矩形属性

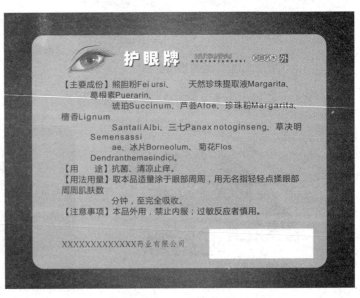

图 2.3.127　粘贴文字

（8）将制作好的文字和图形进行组合，完成绘制，如图 2.3.128 所示。

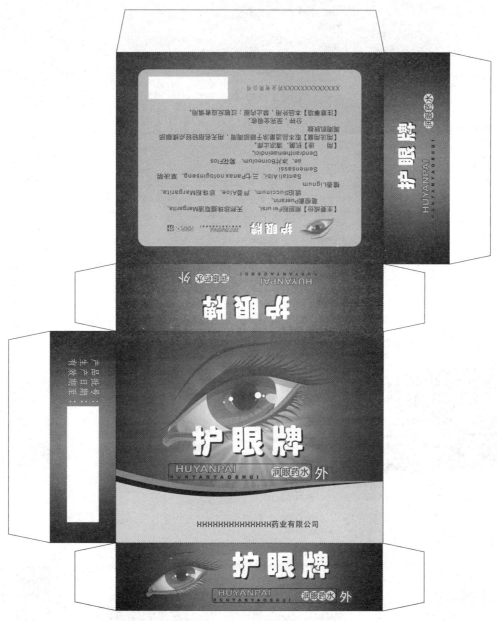

图 2.3.128　效果图

3.6.6　小护士化妆品盒设计

（1）新建文件后，在属性栏中设置页面大小默认为 A4，在【视图】菜单中选择显示模式为【增强模式】。

（2）使用【椭圆形工具】，按 Ctrl 键绘制正圆形。单击工具箱中的【填充工具】按钮，绘图页面中即弹出相应的对话框，在【填充属性】列表框中选择【渐变填充】，如图 2.3.129 所示。

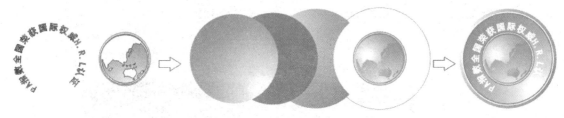

图 2.3.129　绘制商标

（3）使用【文本工具】，输入文本。使用【贝塞尔工具】，通过控制节点的位置来调整曲线的弯曲程度，如图 2.3.130 所示。

图 2.3.130　图形形状

（4）执行【文件】|【导入】命令，使用【椭圆形工具】绘制圆形，选择【效果】|【图框精确裁剪】|【放置在容器中】命令，如图 2.3.131 所示。

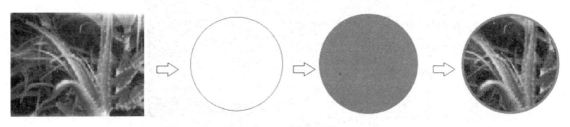

图 2.3.131　导入文件

（5）单击【文本工具】按钮，输入文本，将前面制作好的图形重新排列，调整好前后、左右、上下位置，如图 2.3.132 所示。

防御 UVA
晒不黑、不长斑

防御 UVB
晒不伤、晒不老

净白修护，保湿润泽

图 2.3.132　重新排列图形

（6）使用【文本工具】，输入文本，使用【交互式调和工具】制作文字效果，使用【矩形工具】绘制矩形，如图 2.3.133 所示。

图 2.3.133　输入文本并制作效果

（7）使用【挑选工具】选中图形，在属性栏中对图形的位置参数进行调整，导入防晒霜产品图并放置在图层后面，如图 2.3.134 所示。

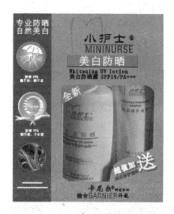

主视图

图 2.3.134　调整图形位置

（8）使用辅助线精确调整包装盒位置，组合文字与图形，将俯视图、侧视图和主视图按照图 2.3.135 所示组合成平面图。

俯视图

侧视图

图 2.3.135　组合平面图

（9）使用【矩形工具】绘制矩形。使用【交互式阴影工具】，在属性栏中单击【阴影羽化边缘】下拉按钮，调整羽化方向并选择阴影方向。使用【挑选工具】，执行【旋转】和【倾斜】命令调整包装分步图形位置，如图 2.3.136 所示。

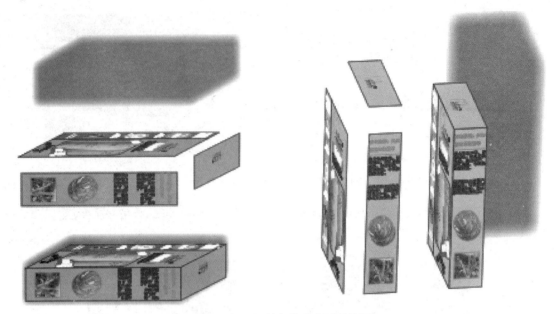

图 2.3.136　调整包装分步图形位置

（10）使用【挑选工具】，选中相应图形复制，然后调整包装位置，完成小护士化妆品盒设计，如图 2.3.137 所示。

图 2.3.137　小护士化妆品盒设计

3.6.7　麦思尔咖啡包装盒设计

（1）打开 CorelDRAW X6，新建文件后，在属性栏中设置页面大小默认为 A4，在【查看】菜单中选择显示模式为【增强模式】。

（2）单击工具箱中的【矩形工具】按钮，绘制矩形，在工具箱中选择【渐变填充工具】，设置填充类型为【射线填充】，并设置渐变颜色，如图 2.3.138 所示。渐变填充完成后效果如图 2.3.139 所示。

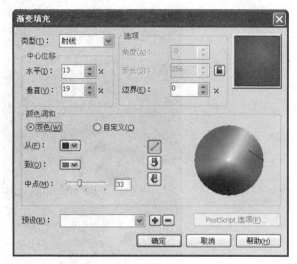

图 2.3.138　【渐变填充】对话框　　　　　图 2.3.139　渐变填充结果

（3）单击工具箱中的【贝塞尔工具】按钮，绘制图形，设置填充颜色 CMYK 值为（39，100，98，3）和（2，12，15，0），描边均为无，如图 2.3.140 所示。

图 2.3.140　绘制图形

（4）打开 Photoshop CS6，新建一个透明文件，导入素材图片，使用【钢笔工具】抠出杯子图形，如图 2.3.141 所示，导入 CorelDRAW X6 中，如图 2.3.142 所示。

图 2.3.141　使用 Photoshop CS6 去背景　　　图 2.3.142　导入素材

（5）导入咖啡豆素材图片，单击工具箱中的【交互式透明工具】按钮，选择透明度类型为【线性】、透明度模式为【正常】，如图 2.3.143 所示。调整图片位置，如图 2.3.144 所示。

图 2.3.143　交互式透明工具

图 2.3.144　调整图片位置

（6）单击工具箱中的【交互式阴影工具】按钮，为咖啡豆制作投影效果，如图 2.3.145 所示。

（7）单击工具箱中的【文本工具】按钮，输入文字，填充白色。完成后效果如图 2.3.146 所示。

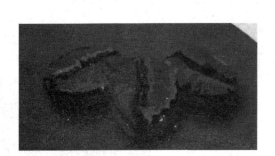

图 2.3.145　制作投影效果

图 2.3.146　完成后效果

思考与练习

1．思考题

（1）包装设计中图形的表现形式有哪些？

（2）包装设计要求有哪些？

（3）如何构思包装设计？

2．练习题

使用 CorelDRAW X6 软件制作包装盒平面图及效果图。

练习规格：设置尺寸为长 184mm× 宽 40mm× 高 128mm。

练习要求：利用辅助线辅助制作包装展开平面图，然后做出立体效果图，如图 2.3.147 所示。

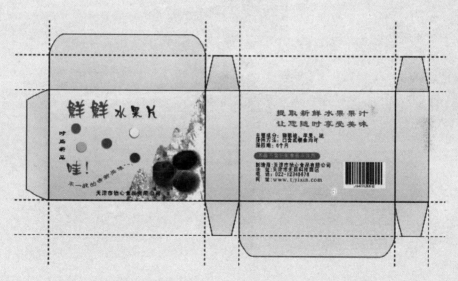

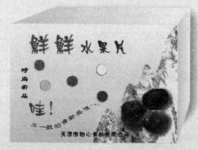 

图 2.3.147　包装效果图

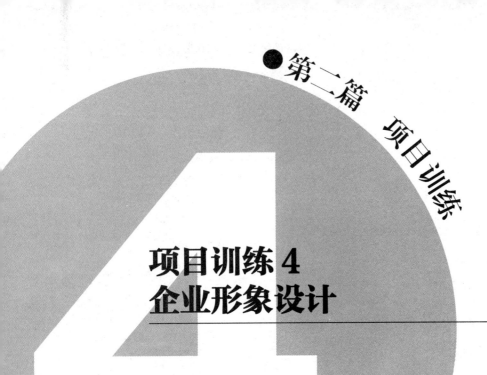

项目训练 4
企业形象设计

学习目标

1. 了解企业理念识别、企业行为识别、企业视觉识别；

2. 掌握图形创意的原则；

3. 理解图形创意理念；

4. 学会实训案例的操作方法；

5. 懂得制作企业形象设计系统。

　　完善的企业形象识别系统，可以为企业建立一个清晰而统一的形象，以及反映企业的价值观，并且能有条理地将企业的信息通过人、物、事和环境等因素表现出来。企业形象识别系统，对外有助于加强客户对公司的信心，巩固企业的市场地位，明确企业的市场策略，从而获得社会的认同和尊重；对内有助于企业管理阶层灵活地运用各项设计，发挥上情下达、层层推进的功效，这样不但可以减少管理层的决策时间，还有利于管理层善用所有资源，增强企业的凝聚力及员工的归属感。

　　因此，一套好的企业形象方案并不仅仅是一个单纯的设计，其所包含的功能在竞争激烈的开放市场中起着不可估量的作用。一个完善的企业形象不会偶然产生，它必定是由有远见的企业家与优秀的专业策划设计机构合创的成果。

　　传统的企业形象规划主要是针对常规媒体、用品进行设计。随着科技的迅猛发展，企业步入互联网时代，网络、电子商务的运用扩展了形象的展现空间，EVI（电子视觉形象）的设计规划已经成为企业迫在眉睫的大事。只有做好全方位的视觉规划，才能使企业具有更优良的形象，产生巨大的财富。

　　标志是企业视觉形象的核心部分，是凝聚企业精神内涵的图腾，是消费者认知品牌的符号，如图2.4.1所示。

图2.4.1 企业品牌符号

※ 4.1 训练1——企业识别系统

　　CIS目前一般被译为企业识别系统，或者被称为企业形象战略。一般认为CIS，即企业识别系统是一个社会组织（企业）为了塑造组织（企业）形象，通过统一的视觉识别设计，运用整体传达沟通系统，将组织（企业）的经营理念、文化和经营活动的信息传递出去，以凸显组织（企业）的个性和精神，与社会公众建立双向沟通的关系，从而使社会公众产生认同感和共同价值观的一种战略性的活动和职能。

4.1.1 企业识别系统的组成部分

CIS 系统由三个部分组成：MI 是 CI 系统的大脑和灵魂，BI 是 CI 系统的骨骼和肌肉，VI 是 CI 系统的外表形象。

CIS 或 CI 是英文 Corporate Identity System 的缩写。其中 Corporate 指法人、团体、公司（企业）；Identity 有三个含义：证明、识别，同一性、一致性，恒持性、持久性；System 指系统、秩序、规律和体系。

CIS 具有如下功能：

（1）提高视觉的识别能力，寻求企业形象的标准化。利用象征性的符号、标志、标语等来传达企业的形象，并将这种统一化和标准化的设计贯穿到整个企业的作业中，使公司成为一部精密运转的机器。

（2）重整企业经营的观念和方针。通过分析企业经营低迷的原因，运用市场战略等方法，设计介入经营权，纠正企业经营上的问题。

（3）改善企业体制，改变职员意识。解决企业本身以及职员自身的意识和素质等方面所存在的问题。

（4）打破传统观念特有的经营方式和范围。从原来的能够制造什么，变为应该制造什么等，使企业在结构上发生一系列根本的变化（图 2.4.2）。

图 2.4.2 CI 系统的外表形象

1. 企业理念识别

企业理念识别是指企业的理念识别系统（Mind identity System，MIS），是企业的思想。MI 的主体是企业的经营理念，另外，还包括企业的精神以及企业的宗旨、行为准则、经营方针等。MI 是企业 CI 计划中的一个重要组成部分。成功的企业 CI 战略实施，不仅是为了美化和装饰表面，而且是对企业内部经营观念的重新塑造，进而长期指导企业的经营和管理。

诺贝尔奖经济学家米尔顿·弗里德曼曾说："企业唯一的社会责任就是在竞争规则范围内赢得利润。"没有一定的盈利，企业的一切都将是幻想。然而，企业是作为社会的一部分而存在的，它为社会所创造和支持，也应当达到社会所期望的目标。因此，现代企业的目标应该是多元化的，既要满足自身生存发展的需要，同时也要满足社会的需要、国家的需要、民族的需要。企业与内外环境相容而处、互利共生，才能取得长远发展。

MI 是企业存在价值、企业经营思想、企业精神的综合体现，同时，在现代企业的发展中起着不可低估的作用，这种作用主要体现在以下四个方面：

（1）MI 在企业发展过程中，对企业的生产起着直接推动作用。在企业经营中贯穿于企业活动（BI）的各个方面，而且在企业的重大目标和社会责任等重大问题的决策上，对企业行为起到定向、指导的作用。

（2）MI 在企业进行决策、组织、经营活动中起着主导作用。在企业中它代表企业领导人的思想观念、事业追求、工作作风、基本思想和方式方法，对企业有着极大的影响。而在国外一些企业中，企业家所倡导的精神、理念有时也会成为企业集体精神的标志，如日本松下公司的"松下精神"。

（3）MI 是形成和决定职工群体的心理定式的主导意识，对职工群体意识的产生起到决定性作用。由于 MI，职工群体的责任感、自觉性等一经形成，他们便会按照企业精神和价值观所规定的行为准则，积极主动地修正自己的行为，从而关心企业的前途、维护企业的声誉。

（4）MI 是企业的灵魂，是企业展开活动的行为指南。树立美好的企业形象，一定要统一企业思想，使全体员工的行为举止符合企业的个性，这就要求 MI 不仅仅是个别企业领导人的思想，而应在企业内部成员中达成共识。因此 MI 塑造不仅要注重它的内容，而且要讲究企业精神、价值观、经营观念的正确表达形式，只有通过具体、鲜明、精练的文字形式将这些传达出来，才能强化 MI 对企业员工思想的指导意义。

衡量一个企业是否成功，就是看它的产品能否迅速转化为商品，并在高度发育的市场竞争中能否站稳脚跟。简单地讲，就是产品是否适销对路。这看似简单的问题，却涉及内容广泛。成本、利润是首要考虑的，可 MI 中的现代设计思维却是从科技应用含量、空间环境制约、人文心理影响、生活形态适从等诸要素中汲取的全新的设计参数，同时，产品附加值的概念也使 MI 设计发生了新的裂变和异化。所有这些围绕产品本质而引发的思考，归根结底，仍然是人的思想观念的变化。企业是有思想的，企业的经营理念就是企业的思想。如果企业的经营理念塑造因本企业所面临的客观环境造成错误定位，那么这种理念一定会给企业带来恶果。

2. 企业行为识别

企业行为识别（Behavior Identity，BI）是企业理念识别系统的外化和表现，是在企业精神、企业价值观指导下的企业识别行为。如果说 MI 是企业的"想法"，那么 BI 则是企业的"做法"，即通过企业的经营行为、管理行为、社会公益行为来传播企业的思想，使之得到内部员工和社会大众的认同，建立起良好的企业形象，创造有利于企业生存和发展的内部条件和外部环境，实现 CI 的总目标。BI 作为企业具有识别意义的行为，其前提建立在企业独特经营思想上。而经营思想的产生受到社会制度、经济制度、文化价值、产品政策、行业规划、市场环境等因素的影响。由于各企业间的情况不同，所以企业的行为识别性是客观多样的。

CI 是企业信息传播的系统工程，BI 区别于企业的一般性行为，具有独特性、一贯性、策略性的特点。企业的各项行为虽然多种多样，但无时无刻不在传播企业的内部或外部信息。

BI 的独特性体现在企业的行为始终是围绕着企业经营理念 MI 而展开的。充分运用各种媒体和传播手段，采用多种多样、不拘一格的方式方法，以最大限度地赢得内部员工和社会大众的认同。

BI 的一贯性是指 BI 是具有典型识别意义的企业行为，是由员工亲自参与和长期坚持的社会行为、经营行为，如企业定期、定时的集体行为、典礼和仪式等。

BI 的策略性是指企业识别性行为内容的形式、方法、场合和时间是根据项目的目的做策略性的应用，是根据不同特点的 CI 总目标和不同特点的 CI 阶段性目标，以及不同企业的实际情况，所采用的是既灵活多变，又有计划、按步骤、逐步实施的行动。

企业的行为识别包括对内的一系列行为，即创造一个理想的内部经营条件，使企业的思想得到内部员工的认同；对外的一系列行为，即创造一个理想的外部经营环境，使企业思想得到社会大众的认同。对内的行为主要包括组织机构建构与运作方式、生产管理行为、干部员工的教育和培训、生产福利、工作环境、生产技术设备、与股东的联系等；对外的行为主要包括市场调查、产品开发、公关行为、促销行为、流通政策、销售代理商、金融机构、股市对策、社会公益行为等。

3. 企业视觉识别

企业视觉识别（Visual Identity，VI）是企业形象设计的重要组成部分。随着社会的现代化、工业化和自动化的发展，市场规模不断扩大，组织机构日趋繁杂，产品快速更新，市场竞争也变得更加激烈。此外，各种媒体急速膨胀，传播途径也各不一致，使得受众者面对大量繁杂的信息无所适从，因此，企业比以往任何时候都需要统一的、集中的 VI 设计，而个性和身份的识别显得尤为重要。

企业通过 VI 设计，对内可以征得员工的认同感、归属感，加强企业凝聚力；对外可以树立企业的整体形象，整合资源。通过视觉符号，有所控制地将企业的信息传达给受众，从而强化受众的意识，以获得认同。

企业 VI 设计和 VI 手册的设计与实施，可以帮助企业树立良好的形象，建立统一的视觉管理体系，完善企业对内、对外的传播系统，加速企业的良性运转。

4.1.2　企业识别系统的构成要素

在企业识别系统的视觉设计要求中，应用最广泛、出现频率最高的是企业标志。企业标志不仅具有发动所有视觉设计要素的主导力量，也是统一所有视觉设计要素的核心。更重要的是，企业标志在消费者心目中代表的即是企业、品牌，它集中地表现了企业特征和品牌形象（图 2.4.3）。

图 2.4.3　品牌形象

CI 设计的构成要素如下。

1. 基本要素

（1）公司名称、标志（企业标志、商品标志）。

（2）标准字。

（3）标准色。

（4）企业口号（商用口号）。

（5）企业特征的代表形象。

2. 视觉要素

（1）电视、报纸、杂志、广告牌、年历等广告宣传。

（2）企业简介、说明书、新产品、展示陈列等。

（3）企业内部、店铺、车辆工具、制服等识别系统（图 2.4.4）。

（4）商务用品（信纸、信封等）、环境、设备等。

图 2.4.4　识别系统

3. 非视觉要素

（1）产品质量、流通、服务体系等。

（2）员工行为：管理人员的言行，工作人员的言行、勤务态度、待客态度。

※　4.2　训练 2——企业视觉识别设计

4.2.1　企业视觉识别设计理念

CI 战略是一个动态的过程，随着企业的成长、发展，CI 战略必须不断调整、完善，因此规划和实施 CI 战略是企业信息传播的系统工程。企业的视觉识别系统就是将企业理念、企业价值观，通过静态的、具体化的、视觉化的传播系统，有组织、有计划、准确、快捷地传达出来，并贯穿在企业的经营行为之中，也就是通过视觉表达的方式，得到企业的精神、思想、经营方针、经营策略等主体性内容，使社会公众能一目了然地掌握企业的信息，产生认同感，进而达到企业识别的目的。

企业识别系统应以建立企业的理念识别为基础，也就是说，视觉识别的内容必须反映企业经营思想、经营方针、价值观念和文化特征，并广泛应用在企业的经营活动和社会活动中，使企业识别和企业的行为相辅相成（图 2.4.5）。

因此，企业识别系统的建立，首先必须从识别和发展的角度、社会和竞争的角度，对企业进行定位，并以此为依据，认真整理、分析、审视和确认企业的经营理念、经营方针、使命、哲学、文化、运行机制、产业特点以及未来的发展方向，使之演绎为视觉符号系统。其次是将具有抽

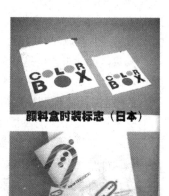

颜料盒时装标志（日本）

珠宝商店标志（日本）

图 2.4.5　企业识别

象特征的视觉符号或符号系统设计成视觉传达的基本元素，再统一地、有所控制地应用在企业行为的各方面，使其在具体的条件和背景下得到充实，使有限的内涵产生无限的外延，并在观众的心目中真正成为企业的同一物，而不是装饰品。

从企业理念、行为识别到视觉识别，即从形象概念到设计概念是 CI 设计的一个关键阶段，从设计概念到视觉符号是 CI 设计的另一个关键阶段，把握好这两个阶段，就具备了企业视觉传播的基础。把握不好，要么传播的是虚假信息，要么是无效的传播，对企业会造成资源的极大浪费，对社会会造成文化的污染（图 2.4.6）。

图 2.4.6　企业视觉传播要素

1. 从形象概念到设计概念

企业形象关系企业未来在社会上的作用和地位、在行业中的排名和座次、在消费者心目中的形象和位置、在市场竞争中的目标，这些是企业的宏观定位。要把握宏观定位，离不开各个细小环节的定位，其涉及企业的每一个行为。

企业的形象概念一般包括两个层面：一是企业的基本形象概念，二是企业的辅助形象概念。基本形象是：一流的企业、先进的企业、大企业、可信赖的企业、有前途的企业、有实体的企业、正在成长的企业、可靠的企业等。辅助形象概念是支持基本形象概念的具体内容。

设计概念是可以演变为视觉形象的词语，是连接企业形象概念与视觉符号的桥梁。没有明确的设计概念，就没有视觉传达的基础和依据，没有衡量设计优劣的标准。许多企业在导入 CI 时，往往会出现企业的意见和设计师的意见相左的情况，双方各执己见，最终导致无原则地折中或调和，从而使 CI 设计偏离根本方向。因此，有必要找到与主要企业形象概念相对应的设计概念，使之成为企业和设计师共同遵守的法则。

其实，设计概念也是一个有机的组合体，由各种具有共性特征的要素组成，是带有典型个性特征的。因此，要使视觉形象各要素符合企业的个性，还要选择合适的设计题材和造型要素。

2. 从设计概念到视觉符号

视觉符号是指具有不同传播功能的、既统一又有分工的图形和色彩的总称。将企业的信息概括、提炼、抽象，顺利转换成企业视觉符号，就成了整个传播工程的关键。

视觉符号一般可分为基本元素、关系元素和实用元素。

（1）基本元素。基本元素主要包括图案、色彩等。图案主要有具象和抽象两类。写实的、概括的、夸张的属具象类图案；纯粹的几何形（如点、线、面、体），以及有机的、无机的、偶然的、变体的属抽象类图案。色彩不仅包括色谱中的各种色阶，也包括各中性色（无彩色）以及色彩的明度和纯度变化。

（2）相关元素。相关元素主要包括方向、位置、空间、重心等。方向由观者的方向、形态与其他形象之间的关系决定。位置由形象与框架、形象与形象的关系决定。空间指形象在框架中占有的空间，形象的前后、进退、大小、透视等引起深度幻觉与立体感。重心由疏密、黑白、重力和引力关系决定。

（3）实用元素。实用元素主要包括材料、结构、工艺等。材料指可以用来制作实物的纸张、石材、木材、金属和线材、块材、板材等。结构是指材料组织的方式，如排列、拼装、累积、卯合、粘接、折叠等。工艺是指技术形式，如印刷工艺、涂饰工艺、安装工艺等。

要使符号或符号系统成为某个特指企业的象征，或特指企业的某些具体内容的象征，就必须掌握视觉符号的意义和设计、传达的规律与方法，选择合理的艺术表现形式。例如，线的形态特征：直线简洁挺拔、曲线柔和流畅、折线明晰果断，粗线浑厚有力、细线精致细腻，几何的线规范而理智、徒手画的线自然而感性。此外，结构和工艺等因素也不可忽视，如一个有实力、让人信赖的企业，如果其印刷品的工艺质量粗糙不堪，必然会使人觉得与其身份不符。

4.2.2　标志设计

1. 标志设计艺术与商业性

在 CI 视觉识别系统中，标志设计不仅仅是个图案设计，更是一个具有商业价值的符号，并兼有艺术欣赏价值。这就要求设计师除具有高超的设计技能外，还要具备多学科知识，如符号学、美学、文学、销售心理学、市场学等（图 2.4.7）。

图 2.4.7　企业标志

标志是视觉形象的核心，它构成了企业形象的基本特征，体现了企业的内在气质，同时是用于广泛传播、诉求大众认同的统一符号。视觉形象识别系统由此繁衍而生。因此可以说，标志设计艺术首先是商业艺术，是为商品服务的，它的艺术性隶属于商品性。

标志设计构思有别于一般的艺术创作，它直接与企业和商品相联系，具有明确的商业目的，其中包含有委托者的意图、要求，商品销售的心理因素，国内、国外和地区的民情风俗，另外，还要区别于同类商品，保持个性及其竞争性，新开发的产品还要有独创性等，且一些老牌公司或商品可能还会受经营历史悠久等因素的制约。因此，标志设计必须有超前的意识，要能经得起时间的考验，否则很快就会落后于时代。

香港新埭强先生设计的中国银行标志可谓标志设计史上的典范。他运用简洁的图形说明了中国货币悠久的历史，以简洁而粗犷的线条表达了中国银行雄厚的经济实力。图案取材于古老的铜钱，又具有强烈的现代感。这样的设计作品具有长久的艺术生命力，体现了作者深厚的艺术素养和精湛的表现技巧。

标志图案是形象化的艺术概括，是设计师以自己的审美方式，用生动具体的感性形象去描述它，促使标志主题思想深化，从而达到准确传递企业信息的目的。

标志设计的难点在于要准确地把含义转化为视觉形象，而不是简单地使之像什么或表示什么，它既要有创意，还要用形象化的艺术语言表述出来。对任何主题进行设计，其构思方法正确与否至关重要。美的图案很多，但好的创意来自对主题本身的深入挖掘，雷同是标志设计的忌讳，创新是标志设计成功的前提，寻找最佳的表达方式，才能创造出个性鲜明、符合主题的标志。

2．标志变体设计

图案在广泛的应用当中，需要设计制作出丰富的画面，需要通过变体标志来适应印刷媒体的设计表现效果（图 2.4.8）。

图 2.4.8　标志在商品中的应用

4.2.3　标准字体设计

1．标准字体的概念和意义

标准字体是指经过设计来表现企业名称或品牌的专用字体。近年来，国外品牌产品在开拓中国市场时，都会将其品牌译成汉字，并精心设计独具个性的字体，给中国消费者以独特的视觉识别印象。

随着商业信息传递与文化交流日趋频繁，一切的传意行为及视觉传意的文字和商标符号一样，都朝着一个共同的方向发展，即要求简洁、共识，同时讲究造型美观、大方、具有个性。

标准字体是企业形象识别系统中的基本要素之一，其应用广泛，常与标志联系在一起，可直接将企业或品牌信息传达给观众，具有明确的说明性，更加强了企业形象与品牌的诉求力，其设计的意义与标志同等重要。

经过精心设计的标准字体与普通印刷字体有很大的差异，除外观造型不同外，更重要的是标准字体是根据企业或品牌的个性设计的，对笔画的形态、线条粗细、字间的连接与配置、造型等都做了细致严格的规定，与普通字体比较，更美观、更具特色。

在信息传递日益加速的今天，信息传递的水准也在提高，因此对企业的信息传递应尽可能更精简、更直接。在实施企业形象策略中，许多企业名称和品牌名称趋于同一性，企业名称和标志统一。另外，字体设计已成为标志设计的新趋势，虽然只有一种设计要素，却具备了两种功能，即在视觉和听觉上达到同步传递信息的效果（图 2.4.9）。

图 2.4.9　标准字的标志中的应用

2. 书法标准字体设计

汉字已有三千多年的发展历史。书法是汉字表现艺术的主要形式，既有艺术性又有实用性。

目前我国一些企业常采用政坛要人、社会名流以及书法家的题字作为标准字，认为这是企业的荣耀，也是发展商业文化的优良传统。名人的知名度和影响力可以给企业树立信誉，也会给企业带来名人广告效应。也有些企业采用名人题字是图吉祥，如广东一些企业将岭南画派大师黎雄才的题字作招牌，图的是雄才与宏财同音（地方音），商业意味很浓。

但是，书法字体给视觉系统设计也带来了一定的困难。首先是与商标图案相搭配的协调性问题；其次是是否便于被迅速识别。如果设计时不考虑这些因素，可能会产生书法字体与设计出的商标无法匹配、不协调或识别效果不佳的结果。

有些设计师尝试设计书法体作为品牌名称，这样可以使作品有特定的视觉效果，既活泼、新颖，又富有变化。

书法字体设计是相对准印刷字体而言的。设计形式可分为两种：一种是针对名人题字进行调整编排，如中国银行、中国农业银行和日本白鹤清酒等标准字体。对名人名家题字进行调整编排是再现完美的创造过程。一般情况下，请名人名家题字时是不会提要求的，他们也不可能按照企业设计要求来书写，书写完成后，若有不理想之处，也不可能让他们重写，在这种情况下，设计师对字体进行修饰或仿写是必要的，这就要求设计师对书法有一定的研究，并具备一定的模仿技能，否则，修饰后的字很可能会失去原貌或没有神采。另一种是设计书法体，或者说是装饰性书法体，即为了突出视觉个性，特意描绘的字体。这种字体是以书法技巧为基础设计的，介于书法和描绘之间，在某种意义上与榜书有相似之处。

3. 装饰字体设计

装饰字体在视觉识别系统中，具有美观大方、便于阅读和识别、应用范围广等优点。

装饰字体设计是在基本字形的基础上进行装饰、变化、加工而成的，它在一定程度上摆脱了印刷字体的字形和笔画的约束，根据品牌或企业经营性质的需要进行设计，达到了加强文字的精神含义和感染力的目的。

装饰字体所表达的含义丰富，如细线构成的字体，容易让人联想到香水、化妆品等，而圆厚柔滑的字体常用于食品、饮料、洗涤用品等，装饰字体设计离不开产品的属性和企业经营性质，所有的设计手段都必须为企业服务。

装饰字体设计是以各种印刷标准字体为基础的，常见的印刷标准字体有楷书、行书、隶书、宋体、黑体等。运用夸张、变形、增减笔画、装饰等手法，以丰富的想象力，重新构筑字形，在一定程度上摆脱了字形和笔画的约束，加强是了文字的特征，丰富了标准字体的内涵（图 2.4.10）。

在设计标准字体时，不仅要求单个字形美观，还要使整体风格和谐统一，因此，在设计过程中，要考虑到如下因素：

（1）字形变化要有统一性，体现整体美感；

（2）字形变化要符合文字的含义，深刻挖掘文字的含义是装饰设计的前提；

（3）要能充分表现企业的经营理念，做到形式与内涵有机统一；

（4）要考虑易读性，不宜过分地变化，否则会失去视觉传达信息的功能。

图 2.4.10　装饰字体运用

4．英文标准字体设计

各民族和地区的历史发展轨迹不同，所形成的文字体系也不同。随着我国对外贸易的迅猛发展，许多企业都把企业名称和品牌翻译成英文，以英文字母为设计形式，使企业标志无论是为了出口贸易需要，还是为了装饰美观，都能达到更完美的视觉传达效果。

英文字母是许多设计师在设计标志时经常采用的构思题材，这样会使设计造型丰富、优美、变化多端，其构架的可发挥性无穷无尽。

英文字母的书写在组织结构上有严格的规范，其形象大体可分为矩形、三角形和圆形三类，字母之间的间隔与排列是字体设计过程中的重要环节。

从设计的角度看，英文字体根据其形态特征和设计表现手法，大致可分为如下几类：一是等线体，字形的特点几乎都由相等的线条构成；二是书写体，字形的特点是活泼自由，与其他字体相比，更能显示出设计者的风格和个性；三是装饰体，是对各种字体进行装饰设计，以字义和企业理念为指导思想，运用丰富的想象力，从美学的角度上做较大的自由变化和装饰加工，达到引人注目和富于感染力的艺术效果；四是光学体，是通过摄影特技和印刷网纹技术原理构成的，这种字体是现代科学技术发展的结晶。

英文字体（包括汉语拼音）的设计，与汉字的设计一样，也可分为书法体和装饰体两种。书法体的设计，虽然很有个性、很美观，但识别性较差，不常用于标准字体，而常用于人名或非常简短的商品名称。装饰体的设计，应用范围非常广泛。19 世纪初，欧洲的商业宣传活动蓬勃发展，对字体设计的要求是强调视觉效果，因此由罗马演变出装饰线体，装饰线体粗犷有力，随后又产生了无饰线体，其简洁朴素，识别性强，并富有现代感。直到今天，装饰字体仍广泛应用于各种商业领域。

4.2.4　辅助要素设计

1．象征图案

象征图案又称装饰花边，这一设计要素是视觉识别系统的延伸和发展，与标志、标准字体、标准色保持宾主、互补、相互衬托的关系。象征图案是设计要素中的辅助符号，主要适用于各种宣传媒体，以加强企业形象的诉求力，使视觉识别设计的意义更丰富，更具完整性和识别性。

一般情况下，标志、标准字体在应用设计表现时，都是采用完整的形式，不允许其图案相互重叠，以确保清晰度和权威性，使象征图案的应用效果更加明确。

例如，日本三井银行的象征图案设计，其整组图案由标志图形变化而来，并对应用效果做了相应的规定，大面积的画面使用整组图案，小面积的画面则使用一个单元的图案。这样规划的象征图案非常便于展开运用，有利于强化视觉形象的识别效果。

象征图案的设计是为了适应各种宣传媒体的需要，由于应用设计项目种类繁多、形式千差万别、画面大小变化无常，这就需要象征图案的造型设计富有弹性，能随着媒介物的不同或版面面积的大小变化做适度的调整和变化。

一般而言，象征图案具有如下特性：

（1）能烘托企业形象的诉求力，使标志、标准字体的意义更具完整性，易于识别。

（2）能增强设计要素的适应性，使所有的设计要素更具设计表现力。

（3）能强化视觉冲击力，使画面效果更加富有感染力，最大限度地创造视觉诱导效果。

2. 特形图案

特形图案代表企业经营的理念、产品品质和服务精神，是富有地方特色的或具有纪念意义的具象化图案。这个图案可以是图案化的人物、动物或植物。选择一个具有意义的形象物，经过设计，赋予具象物人格精神，从而强化企业性格，诉求产品品质。

特形图案设计应具备如下特点：

（1）个性鲜明。特形图案应富有地方特色或具有纪念意义。选择和企业内在精神相匹配的特形图案是必然的。如日本麒麟啤酒、美国麦当劳等。

（2）图案形象应具有亲切感，惹人喜爱，从而达到传递信息、增强记忆的目的。

吉祥图案和企业的特定形象图案既有内在的联系，又有本质的区别，这种区别主要在于其商业性。企业图案的选择具有明确的商业目的，它的地方性、历史意义、纪念意义是以经营的需要为基础的。因此，设计师应从经营的本位出发去创造特定形象（图2.4.11）。

图2.4.11　特形图案的应用

4.2.5　标准色设计

1. 标准色的概念

标准色是树立企业形象系统的战略之一，是传达企业经营理念或产品特性的指定颜色，是企业标志、标准字体及宣传媒体所特用的色彩。在企业信息传递的整体色彩计划中，具有明确的视觉识别效应。

2. 标准色的开发程序

由于企业标准色具有科学化、系统化等特点，因此，进行任何开发设计时，都必须尽可能地发挥色彩的传达功能。标准色设计应制定一套开发作业程序，以便于规划活动顺利进行。

企业标准色的确定是建立在企业经营理念、组织结构、市场目标、经营策略等因素的基础上的。标准色作业程序的制定，应首先了解企业商品色彩的特点与消费者的评价，企业环境和企业宣传色彩的使用情况，以利于未来的整体作业。具体步骤分为调查、表现概念、色彩形象和效果测试等阶段。

3. 标准色设计理念

标准色设计应尽可能单纯、明快，以最少的色彩表现最多的含义，从而达到精确、快速地传达企业信息的目的。

（1）标准色设计应既能体现企业的经营理念，又能体现产品的特性，因此应选择适合企业形象的色彩，以表现企业的生产技术和产品内容等。

（2）突出企业之间竞争的差异性。

（3）应满足消费者的心理需求。

4. 色彩的表现力

色彩可分为无彩色（白、灰、黑）与有彩色（红、橙、黄、绿等）两大类别。

色彩表现有色相、明度和彩度三种基本要素。

5. 标准色管理

设定企业标准色，除了全面开展、加强运用、求取视觉统一的效果外，还需要制定严格的管理办法。

标准色管理是对色彩传达的过程进行管理规范，针对不同材料、油墨、技术等问题，予以明确化的数值规定。具体如下：

（1）明确地规定选定的色彩：表色符号、印刷色的规定，油墨厂牌编号、测色数值的规定，色彩误差数值化、符号化的规定；

（2）制作正确的色彩样本，以供施工时参考使用；

（3）订立不同材料、施工技术等允许色彩差值范围。

具体 CI/VIS 设计项目内容见表 2.4.1

表 2.4.1　CI/VIS 设计项目

	CI/VIS 设计基本系统部分 A
VI 基本系统 A	企业标识、产品商标、企业标志释义、标志制图法、标志的使用规范、标志的色彩规范、中文标准字（横式）、中文标准字（竖式）、英文标准字、中文指定印刷字体、英文指定印刷字体、企业标准色、企业辅助色、企业象征图案、企业吉祥物、标志与标准字组合、标志与基本资料组合、标志与标准字色彩使用规范、下属企业规范
	CI/VIS 设计应用系统部分 B
VI 应用系统开发 B	公共事务用品类B01
	名片设计（中式、西式、中西式）、信纸（空白、横纹、方格）、信封（中式、西式）、公文袋（大、中、小）、资料袋（大、中、小）、传真用纸表头、便条纸、各式表格格式、卷宗夹、公司专用稿纸、贵宾卡、来宾卡、通行证、贴纸、笔记本封面、合同书封面、企划书封面、事务用标签贴纸、航空专用信封、航空专用信封套、专用海报纸（对开、长4K）、奖杯、纸杯、文件格式、办公用笔、电脑用报表、留言条

CI/VIS 设计应用系统部分 B

	包装用品类B02
VI 应 用 系 统 开 发 B	包装纸VI设计（单色、双色、特别色）、包装纸袋、手提袋、胶带、包装用签、包装塑胶带、包装纸盒、礼品包装袋
	旗帜规划类B03
	公司旗帜、纪念旗帜、横式挂旗、直式立旗、小吊旗、小串旗、大型挂旗、桌上旗、锦旗、奖励旗、纪念旗、促销用旗、庆典用旗、主题式旗帜、其他VI设计
	员工制服类B04
	男性主管职员制服、女性主管职员制服、男性行政职员制服、女性行政职员制服、男性生产职员制服、女性生产职员制服、男性店面职员制服、女性店面职员制服、男性展示职员制服、女性展示职员制服、男性服务职员制服、女性服务职员制服、男性工务职员制服、女性工务职员制服、男性警卫职员制服、女性警卫职员制服、男性清洁职员制服、女性清洁职员制服、男性厨师职员制服、女性厨师职员制服、男性运动服（二季）、女性运动服（二季）、运动夹克（二季）、运动帽、运动鞋、徽章、领带夹、领带、领巾、皮带、安全帽、工作帽、上岗证、雨具（雨披、雨伞）、其他VI设计
	媒体标志类B05
	电视广告商标风格、报纸广告商标风格、杂志广告商标风格、人事广告商标风格、公司简介商标风格、产品简介商标风格、促销DM商标风格、产品说明书商标风格、营业用卡（回函）商标风格、海报商标风格、POP商标风格/POP设计、幻灯片商标风格、其他VI设计
	广告招牌类B06
	造型招牌（室内、室外）、直式招牌、横式招牌、立地招牌、柜台后招牌、霓虹灯招牌、大楼屋顶招牌、大楼楼层招牌、骑楼下招牌、骑楼柱面招牌、悬挂式招牌、118帆布招牌、户外看板（路牌广告）、禁止停车牌、工地大门、工地事务所、工地围篱、工地标语贴纸、工地行道树围篱、工地牌坊、其他VI设计
	室内外标识B07
	室内标识系统、室外标识系统（公共区域）、符号标识系统、部门标识牌、总区域看板、分区域看板、其他VI设计
	环境风格类B08
	工厂外观色带、室内形象墙面、大楼建筑物外观标志风格、大门入口、柜台后墙面、玻璃门色带、公布栏、踏垫、垃圾桶、烟灰缸、室内精神标语墙、员工储物柜、环境色彩标识、其他VI设计

续表

CI/VIS 设计应用系统部分 B

<table>
<tr><td rowspan="6">VI 应用系统开发 B</td><td>交通运输工具类B09</td></tr>
<tr><td>业务用车、平板车、交通车、商务车、厢型货车、厢型货柜车、旅行车、小客车、机车、脚踏车、拖车头、曳引车、堆高车、吊车、水泥搅拌车</td></tr>
<tr><td>展示风格B10</td></tr>
<tr><td>展示会场、展示会场参观指示、展示橱窗、展示板、舞台、精神堡垒、商品展示架、商品展示台、照明规划、色彩规划、动线规划、其他VI设计</td></tr>
<tr><td>其他用品B11</td></tr>
<tr><td>邀请卡（封套）、生日卡（封套）、问候卡（封套）、感谢卡（封套）、圣诞卡（封套）、贺年卡（封套）、万用卡（封套）、年历、月历、日历、工商日志、纸张、铅笔、圆珠笔、笔架、雨伞架、气球、吉祥物赠品、便条纸砖、薪资袋、礼金袋、其他VI设计</td></tr>
</table>

※ 4.3　训练 3——编制 CI 手册

编制 CI 手册是巩固 CI 开发成果的必要手段。

CI 手册是将所有设计开发的项目，根据其使用功能、媒体需要，制定出相应的使用规则和方法。编制 CI 手册的目的在于将企业信息的每个设计要素，以简明正确的图例和说明进行统一规范。因此，实际操作应用中必须遵守 CI 手册的准则。

CI 手册的编制形式一般有以下几种：

（1）综合编制。将基本设计系统和应用设计项目合编在一起，并以活页式装订，以便于修正替换或增补。国内外有不少企业采用这种方法。

（2）基本设计系统和设计应用项目分开编制。依照基本设计系统和应用项目的不同，以活页的形式分编成两册，主要是基于使用的方便。

（3）应用项目分册编制。按不同种类、不同内容的应用项目分别编制，适于大公司、集团化、联合企业使用。

CI 手册原则上应作为企业的规章或条例进行颁发，由 CI 委员会根据具体项目发放到企业相关管理部门的负责人手中。CI 手册的内容特别是与企业经营相关的内容，属于企业的秘密，是不能随意泄露的。

CI 手册应广泛推介和宣传，而不应当作为商业秘密锁在保险箱里，因为 CI 手册本身就是塑造企业形象的元素。我国许多企业都存在一种错误的观念，认为花了几十万制作的 CI 手册是无价之宝，从不轻易示人，更不做与手册内容有关的任何宣传，究其用心是怕被人抄袭。

CI 手册的编制，是由总体 CI 项目规划决定的。一般应包括以下内容，见表 2.4.2。

表 2.4.2　CI 手册概要内容

单元部分	内容
第一部分 基本要素系统	企业领导的题词或前言、关于CI手册的说明、CI设计的目的、CI标志（阴、阳）、标准字体（简、繁体，中、英文）、企业标准色（企业色）、辅助标准色（部门色）、指定书体（中、英文）
第二部分 组合系统	基本要素的组合形式（横向组合、纵向组合、特殊组合）、制作图（九宫格法、比例法）、色彩基准（单色、双色及以上）、禁例
第三部分 事务用品	信纸（中文、英文，普通、航空）、专用信纸、专用信封（中文、英文）、名片（中文、英文、社交用、业务用）、开窗式信封、通讯录、办公用品、旗帜、证章、证件、标牌
第四部分 业务用品	序言、一般设计的原则基准、表格系统的基本构成、各种发票、单据的构成、对外用单据的构成
第五部分 广告	序言、基本要素的用法、广告设计系统（印刷物、电视、路牌、灯箱类、销售用、POP）、组合系统的运用方法、色彩系统的处理方法、制作系统的基本方法
第六部分 商品	序言、名牌商品的宣传原则、与商品有关的基本形、商品和包装设计的基本要素
第七部分 导示系统	序言、主要设施的统一形象（中文、英文）、导示系统、安装的基本原则与标准、特殊指示系统
第八部分 礼品	序言、礼品包装制作的规范、基本形的设计、礼品管理条例
第九部分 服装	序言、服装统一的基本原则、服装管理的基本准则、设计示例
第十部分 车辆	序言、车辆统一的基本原则、设计示例（根据企业不同的需要可以增加若干部分）
第十一部分 一般准则	序言、工作人员行动规范准则
第十二部分 技术性补充说明	技术性补充说明的目的与要求、色彩管理、管理用色标、标志的做版稿（按比例由小到大）、标准体的做版稿（按比例由小到大）、组合形式的做版稿（按比例由小到大）

※ 4.4 训练4——VI设计方案

4.4.1 指南针VI基础设计方案

企业视觉识别中最基本的要素（标志、标准字、标准色等）被确定后，就需要对这些要素进行精细化处理，开发各种应用项目。VI的应用系统因企业规模、产品内容的不同而有所差异。

1. 制作封面

（1）打开CorelDRAW X6软件。

（2）选择【文件】|【新建】命令，在属性栏中设置页面大小为210mm×210mm，选择【查看】|【增强模式】命令。

（3）单击工具箱中的【矩形工具】按钮，在页面中绘制两个矩形，并填充CMYK值为（30，100，100，0）的颜色，如图2.4.12所示。

（4）单击工具箱中的【艺术笔工具】按钮，在属性栏中设置画笔类型，然后再绘制图形并填充红色和蓝色，如图2.4.13所示。

图2.4.12　绘制矩形

图2.4.13　使用【艺术笔工具】绘制图形

（5）单击工具箱中的【贝塞尔工具】按钮，在图形中绘制一个指针图形并填充红色，如图2.4.14所示。

（6）单击工具箱中的【椭圆形工具】按钮，在页面中绘制两个椭圆形。然后将其进行修剪，修剪完成后效果如图2.4.15所示。

（7）单击工具箱中的【矩形工具】按钮，在页面中绘制一个矩形，在属性栏中设置旋转角度为45，并填充红色，如图2.4.16所示。

（8）单击工具箱中的【文本工具】按钮，在页面中输入"指南针""compass"文字，设置颜色为黑色，在文字属性栏中设置文字样式及大小，如图2.4.17所示。

图 2.4.14　绘制指针图形

图 2.4.15　修剪圆形效果

图 2.4.16　旋转方形角度

图 2.4.17　输入文字

（9）使用【手绘工具】和【文本工具】，制作其他字样，完成封面效果，如图 2.4.18 所示。

图 2.4.18　封面完成效果

2. 制作标准页面

制作 VI 手册，需要有一个统一的标准页面，制作标准页面的步骤如下：

（1）单击页面左下角的 + 按钮，系统会自动生成一个页面 2。

（2）单击工具箱中的【矩形工具】按钮，在页面两侧绘制两个矩形，并填充 CMYK 值为（30，100，100，0）的颜色和白色，如图 2.4.19 所示。

（3）使用【矩形工具】，在页面中绘制两个矩形，并调整矩形倾斜角度，如图 2.4.20 所示。

图 2.4.19　绘制矩形　　　　　　　　图 2.4.20　修改矩形倾斜角度

（4）单击工具箱中的【文本工具】按钮，在页面中输入相应的文字，设置颜色为黑色，在文字属性栏中设置文字样式及大小，如图 2.4.21 所示。

图 2.4.21　标准页面效果

3. 制作内页

（1）单击工具箱中的【文本工具】按钮，在页面中输入标志设计说明性文字，在文字属性栏中设置文字样式及大小，如图 2.4.22 所示。

（2）选择标志图形，按 Ctrl+C 组合键复制。

（3）按 Ctrl+V 组合键，将图形进行原位粘贴，然后调整大小到页面合适的位置，如图 2.4.23 所示。

图 2.4.22　输入标志说明　　　　　　　　图 2.4.23　调整标志位置

（4）单击工具箱中的【矩形工具】按钮，在页面中绘制不同颜色的矩形，并将其复制一组，完成后效果如图 2.4.24 所示。

（5）单击工具箱中的【贝塞尔工具】按钮，在页面中绘制两条曲线，如图 2.4.25 所示。

图 2.4.24　绘制矩形　　　　　　　　图 2.4.25　绘制曲线

（6）单击工具箱中【贝塞尔工具】按钮，在两条曲线中绘制 1 条曲线，然后单击工具箱中的【文本工具】按钮，沿曲线输入路径文字"为您指引导航"，在文字属性栏中设置文字样式及大小，如图 2.4.26 所示。

图 2.4.26　输入路径文字

4．制作标志应用组合

（1）单击页面左下角的 + 按钮，系统会自动生成一个页面 3。

（2）将标准页面中所有的图形进行复制，然后粘贴到页面 3 中，并在右侧矩形中输入数字 1，如图 2.4.27 所示。

（3）单击工具箱中的【矩形工具】按钮，在页面中绘制两个大小不同的矩形，调整其倾斜的角度，然后输入文字"品牌标志"，如图 2.4.28 所示。

图 2.4.27　输入数字

图 2.4.28　更改矩形并输入文字

（4）单击工具箱中的【图纸工具】按钮，在属性栏中设置图纸行和列参数为 17 和 9，然后在页面中绘制出图纸网格，如图 2.4.29 所示。

（5）选择标志图形，按 Ctrl+C 组合键复制，按 Ctrl+V 组合键将图形进行原位粘贴，然后调整大小到页面中合适位置，如图 2.4.30 所示。

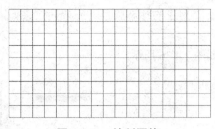

图 2.4.29　绘制网格

图 2.4.30　调整标志位置

（6）使用【矩形工具】在页面中绘制相应的矩形并填充标志的标准颜色，然后在各矩形后输入相应的颜色数值及文字，如图 2.4.31 所示。

（7）将标志向下复制并缩放大小到合适的位置，然后更改相应的标志应用组合形式，如图2.4.32所示。

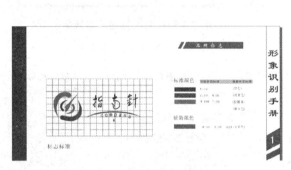

图 2.4.31　输入标志相应的信息

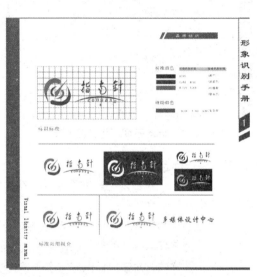

图 2.4.32　标志应用组合效果

5. 制作品牌标志

（1）单击页面左下角的 + 按钮，系统会自动生成一个页面 4。

（2）将标准页面中所有的图形进行复制，然后粘贴到页面 3 中，并更改右侧矩形，输入数字 2。

（3）选择"品牌标志"文字，将其更改为"标志不同色系延展"，并将标志复制到合适的位置，如图 2.4.33 所示。

（4）单击工具箱中的【手绘工具】按钮，在页面中绘制一条直线，设置轮廓笔颜色为灰色，如图 2.4.34 所示。

图 2.4.33　更改文字

图 2.4.34　绘制直线

（5）将标志复制3个并缩放大小到合适的位置，然后更改相应的标志颜色，完成后效果如图2.4.35所示。

（6）利用制作标准标志的方法完成辅助图案效果制作，如图2.4.36所示。

图 2.4.35　标志不同颜色的延展效果

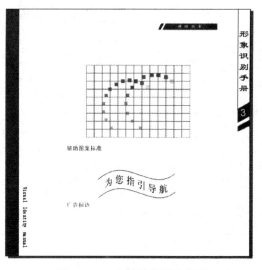

图 2.4.36　完成辅助图案效果

6.　制作标志组合

（1）新建一个页面，将标准页面中所有的图形进行复制，然后粘贴到该页面中，并更改相应的页数值。

（2）更改标题信息为"标准中英文的基本组合"，并将标志复制到合适的位置。

（3）分别将标志的延展颜色调整到合适的位置，完成后效果如图2.4.37所示。

（4）用同样的方法完成标志与文字的竖式排版，如图2.4.38所示。

（5）用同样的方法调整标志其他组合效果，如图2.4.39所示。

图 2.4.37　标志基本组合

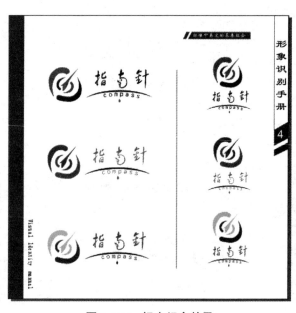

图 2.4.38　标志组合效果

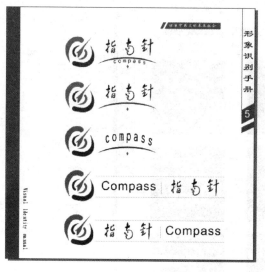
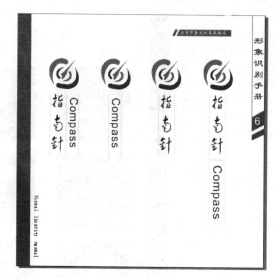

图 2.4.39　完成其他标志基本组合效果

7. 制作标志在不同纯度背景中的使用规范

（1）新建一个页面，将标准页面中所有的图形进行复制，然后粘贴到该页面中，并更改相应的页数值。

（2）更改标题信息为"标志在不同纯度背景中的使用规范"。

（3）单击工具箱中的【矩形工具】按钮，在页面中绘制一个 50mm×30mm 的矩形，填充白色，然后将标志复制到矩形中合适的位置，如图 2.4.40 所示。

（4）分别将矩形复制并更改相应的灰色数值，然后将标志调整到矩形中，完成标志在不同纯度背景中的使用规范的制作，效果如图 2.4.41 所示。

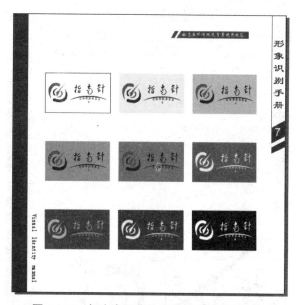

图 2.4.40　标志在白色背景下的规范　　　　**图 2.4.41　标志在不同纯度背景中的使用规范**

（5）利用【矩形工具】，完成标志在红色系背景中的使用规范，如图 2.4.42 所示。

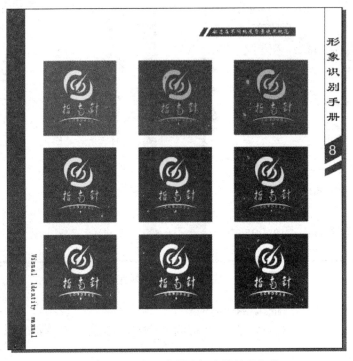

图 2.4.42 红色系背景中标志的使用规范

8. 制作标志与中英文的禁用组合

（1）新建一个页面，将标准页面中所有的图形进行复制，然后粘贴到该页面中，并更改相应的页数值。

（2）更改标题信息为"标志与中英文的禁用组合"。

（3）将中英文放置到标志图形前，然后单击工具箱中的【手绘工具】按钮，在错误的标志中绘制一条斜线，设置轮廓笔为红色、笔触大小为 2.0mm，如图 2.4.43 所示。

（4）分别制作出禁止使用的几种标志组合，并标注禁止使用符号，如图 2.4.44 所示。

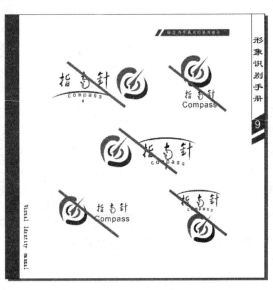

图 2.4.43 制作禁用标志

图 2.4.44 完成禁用标志组合

4.4.2　指南针 VI 应用设计方案

1. 制作门牌

（1）新建一个页面，将标准页面中所有的图形进行复制，然后粘贴到该页面中，并更改相应的页数值。

（2）更改标题信息为"门牌"。

（3）单击工具箱中的【矩形工具】按钮，在页面中绘制三个矩形，分别填充灰色、深红色、灰色，如图 2.4.45 所示。

（4）将标志复制到矩形中合适的位置，并更改颜色为白色，如图 2.4.46 所示。

图 2.4.45　绘制矩形　　　　图 2.4.46　调整标志位置并更改颜色

（5）单击工具箱中【手绘工具】右下角的下拉三角按钮，在弹出的下拉选项中选择【度量工具】，分别标注出矩形尺寸和标志尺寸，如图 2.4.47 所示。

（6）用同样的方法完成横式门牌效果，如图 2.4.48 所示。

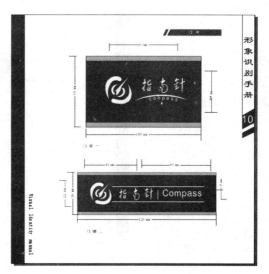

图 2.4.47　标注尺寸　　　　图 2.4.48　完成门牌效果

2. 制作广告牌

（1）新建一个页面，将标准页面中所有的图形进行复制，然后粘贴到该页面中，更改相应的页数值，然后将标题信息改为"广告牌"。

（2）单击工具箱中的【矩形工具】按钮，在页面中绘制两个矩形，然后使用【修剪】命令将图形修剪，并填充灰色渐变效果，完成广告牌框制作，如图 2.4.49 所示。

（3）单击工具箱中的【矩形工具】按钮，在广告牌框中绘制两个矩形，填充颜色为灰色和深红色，完成展示板制作，如图 2.4.50 所示。

图 2.4.49　广告框效果

图 2.4.50　展示板效果

（4）将标志及企业基本信息复制到广告牌中并调整相应的位置，如图 2.4.51 所示。

（5）运用【椭圆形工具】和【矩形工具】，绘制出两侧的栏杆，然后填充灰色渐变效果，如图 2.4.52 所示。

图 2.4.51　复制企业信息

图 2.4.52　绘制栏杆效果

（6）用同样的方法分别制作出其他广告牌，如图 2.4.53 所示。

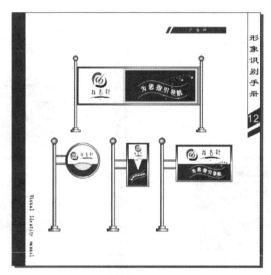

图 2.4.53　完成广告牌效果

3. 制作立式广告牌、指示牌

（1）新建一个页面，将标准页面中所有的图形进行复制，然后粘贴到该页面中，更改相应的页数值，然后将标题信息改为"立式广告牌、指示牌"。

（2）利用【矩形工具】制作出立式广告牌样式，如图 2.4.54 所示。

（3）单击工具箱中的【矩形工具】按钮，在指示牌中绘制两个大小不同的矩形，填充深红色，如图 2.4.55 所示。

（4）将标志复制到广告牌中并调整标志颜色为白色，企业文字为蓝色，完成立式广告牌制作，如图 2.4.56 所示。

（5）单击工具箱中的【矩形工具】按钮，在页面中绘制一个矩形，作为指示牌看板，然后填充 CMYK 值为（0，0，0，15）的颜色，如图 2.4.57 所示。

（6）在指示牌看板中绘制三个颜色为深红色、轮廓色为黑色的矩形，作为指示标识牌，如图 2.4.58 所示。

（7）在指示标识牌中绘制一个矩形，然后在属性栏中设置边角圆滑度为 20，并填充绿色，如图 2.4.59 所示。

（8）单击工具箱中的【手绘工具】按钮，在圆角矩形中绘制出向左上方的指向箭头，然后设置笔触轮廓颜色为白色，如图 2.4.60 所示。

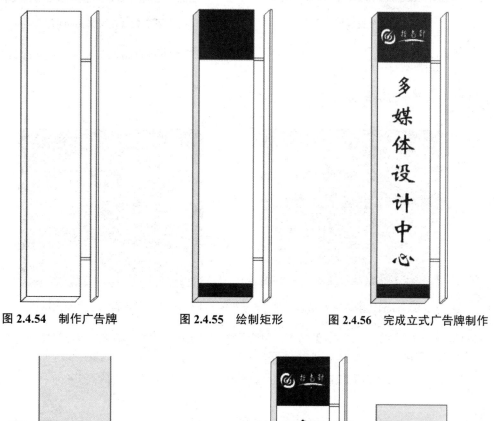

图 2.4.54　制作广告牌　　　　图 2.4.55　绘制矩形　　　　图 2.4.56　完成立式广告牌制作

图 2.4.57　绘制指示看板　　　　　　　图 2.4.58　制作指示标识牌

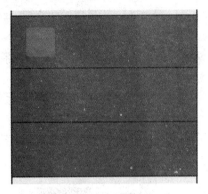

图 2.4.59 绘制圆角矩形

图 2.4.60 绘制指示箭头

（9）单击工具箱中的【文本工具】按钮，输入"入口""The Entrance"文字，设置颜色为白色，如图 2.4.61 所示。

（10）用同样的方法完成其他指向制作，如图 2.4.62 所示。

图 2.4.61 输入文件信息

图 2.4.62 完成其他指示标识制作

（11）选择【文件】|【导入】命令，将指示效果图置入文件中，将标志复制到图片中，然后调整标志的倾斜角度，完成后效果如图 2.4.63 所示。

（12）运用【矩形工具】和【贝塞尔工具】完成停车场指示牌制作，如图 2.4.64 所示。

图 2.4.63 指示牌效果

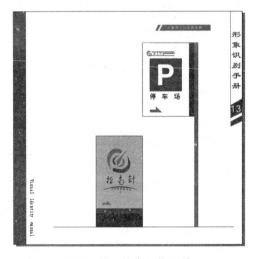

图 2.4.64 停车场指示牌

4．制作手提袋

（1）新建一个页面，将标准页面中所有的图形进行复制，然后粘贴到该页面中，更改相应的页数值，然后将标题信息改为"手提袋"。

（2）单击工具箱中的【贝塞尔工具】按钮，在页面中绘制手提袋轮廓，如图2.4.65所示。

（3）在手提袋底部绘制一个矩形，填充深红色，如图2.4.66所示。

（4）单击工具箱中的【椭圆形工具】按钮，按Ctrl键在手提袋中绘制两个正圆形，如图2.4.67所示。

（5）单击工具箱中的【贝塞尔工具】按钮，绘制手提袋绳并设置轮廓粗细，具体如图2.4.68所示。

（6）将标志复制到手提袋中并调整位置，如图2.4.69所示。

（7）使用【矩形工具】和【椭圆形工具】绘制手提袋侧面，并输入企业相应的文字信息，如图2.4.70所示。

（8）用同样的方法制作出竖式手提袋，并在手提袋下方输入尺寸，完成后效果如图2.4.71所示。

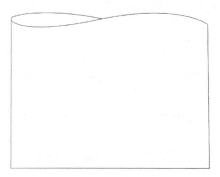

图 2.4.65　绘制手提袋轮廓

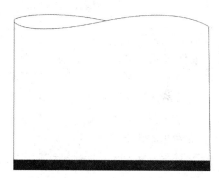

图 2.4.66　绘制矩形

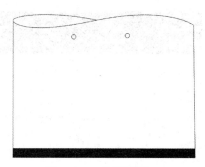

图 2.4.67　绘制圆形

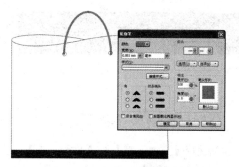

图 2.4.68　设置手提袋绳粗细

图 2.4.69　调整标志

图 2.4.70　制作手提袋侧面

图 2.4.71　完成手提袋效果

5. 制作庆典立牌、墙体灯箱

（1）新建一个页面，将标准页面中所有的图形进行复制，然后粘贴到该页面中，更改相应的页数值，然后将标题信息改为"庆典立牌、墙体灯箱"。

（2）单击工具箱中的【矩形工具】按钮，在页面中绘制两个矩形，然后填充中间矩形的颜色为深红色，如图 2.4.72 所示。

（3）将标志及辅助图形复制到立牌上并调整大小到合适的位置，如图 2.4.73 所示。

图 2.4.72　制作立牌

图 2.4.73　调整企业基本系统

（4）使用【文本工具】和【矩形工具】，完成庆典立牌中所有内容的制作，如图 2.4.74 所示。

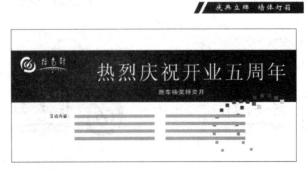

图 2.4.74　完成庆典立牌制作

（5）选择【文件】|【打开】命令，在弹出的【打开绘图】对话框中选择【灯箱.cdr】文件，并将其复制到【庆典立牌、墙体灯箱】页面中。

（6）将企业标志及信息放置到灯箱中，如图 2.4.75 所示。

图 2.4.75　完成庆典立牌、墙体灯箱制作

6．制作广告招牌

（1）新建一个页面，将标准页面中所有的图形进行复制，然后粘贴到该页面中，更改相应的页数值，然后将标题信息改为"大楼屋顶招牌"。

（2）选择【文件】|【打开】命令，在弹出的【打开绘图】对话框中选择【大楼.cdr】文件，并将其复制到【大楼屋顶招牌】页面中，如图 2.4.76 所示。

（3）将标志复制到大楼屋顶上，然后调整大小到合适的位置，如图 2.4.77 所示。

图 2.4.76　复制大楼图形

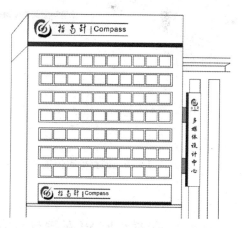

图 2.4.77　调整企业标志

（4）用同样的方法完成其他大楼屋顶招牌效果制作，如图 2.4.78 所示。

（5）新建一个页面，复制大楼，然后粘贴到新页面中，更改相应的页数值，然后将标题信息改为"霓虹灯招牌"。

（6）单击工具箱中的【矩形工具】按钮，在大楼屋顶绘制灰色的矩形，然后将其向右复制数个，完成霓虹灯效果制作，如图 2.4.79 所示。

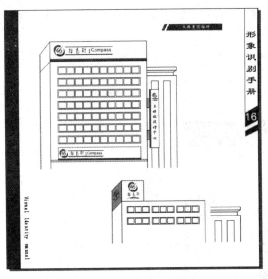

图 2.4.78 完成大楼屋顶招牌制作

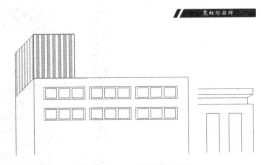

图 2.4.79 制作霓虹灯

（7）将标志复制到霓虹灯中并调整标志在侧面中的倾斜角度，如图 2.4.80 所示。

（8）用同样的方法制作出其他样式的霓虹灯招牌，如图 2.4.81 所示。

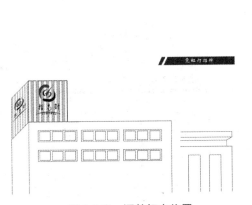

图 2.4.80 调整标志位置

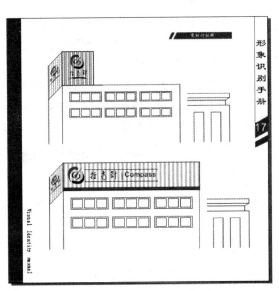

图 2.4.81 完成霓虹灯招牌

4.4.3 云祥商厦 VI 基础设计方案

1. 制作封面

（1）打开 CorelDRAW X6 软件。

（2）选择【文件】|【新建】命令，在属性栏中设置页面大小为默认的 A4 尺寸，选择【查看】|【增强模式】命令，设置页面为纵向。

（3）单击工具箱中的【手绘工具】按钮，在页面中绘制一条直线，如图 2.4.82 所示。

（4）单击工具箱中的【贝塞尔工具】按钮，在页面中绘制闭合的图形并填充红色，如图 2.4.83 所示。

（5）用同样的方法绘制其他图形，如图 2.4.84 所示。

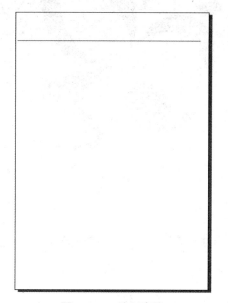

图 2.4.82　绘制直线　　　　图 2.4.83　绘制图形并填充颜色　图 2.4.84　绘制其他图形

（6）单击工具箱中的【椭圆形工具】按钮，在页面中绘制两个圆形，如图 2.4.85 所示。

（7）选中黄色的圆形，选择【排列】|【修整】|【修整】命令，在弹出的【修整】对话框中单击【修剪】按钮，再单击红色的圆形，修剪完成后填充红色，如图 2.4.86 所示。

图 2.4.85　绘制圆形　　　　　　　图 2.4.86　修剪图形

（8）用同样的方法修剪出另一侧图形，如图 2.4.87 所示。

（9）单击工具箱中的【贝塞尔工具】按钮，在页面中绘制闭合的曲线并填充红色，完成标志后的效果如图 2.4.88 所示。

（10）单击工具箱中的【文本工具】按钮，在页面中输入相应的文字，设置颜色为黑色，在文字属性栏中设置文字样式及大小，完成后的页眉效果如图 2.4.89 所示。

图 2.4.87 修剪图形效果　　　　　　图 2.4.88 完成标志效果

 云祥百货大厦
YUNXIANGBAIHUODASHA

企业形象视觉识别系统/基本要素

图 2.4.89 设置文字

（11）选中标志图形，按 Ctrl+C 组合键进行复制。

（12）按 Ctrl+V 组合键将图形原位粘贴，然后调整大小到页面中合适位置并将颜色 CMYK 值改为（0，0，0，10），如图 2.4.90 所示。

（13）单击工具箱中的【文本工具】按钮，在页面中输入文字"基本要素设计"，设置颜色为灰色，在文字属性栏中设置文字样式及大小，如图 2.4.91 所示。

图 2.4.90 调整标志大小　　　　　　图 2.4.91 输入文字

（14）选择文字复制一个，并更改颜色为黑色，然后向右下稍微移动到合适的位置，完成后效果如图 2.4.92 所示。

（15）用同样的方法完成其他文字效果，完成封面效果如图 2.4.93 所示。

图 2.4.92　复制文字并调整位置

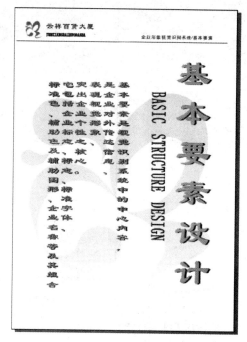

图 2.4.93　完成封面效果

2.　制作标志页面

（1）单击页面左下角的 ＋ 按钮，系统会自动生成一个页面 2，如图 2.4.94 所示。

（2）选择页面 1 页眉中所有的图形，按 Ctrl+C 组合键复制。

（3）切换到页面 2 中，按 Ctrl+V 组合键进行原位粘贴。

（4）单击工具箱中的【文本工具】按钮，在页面中输入文字"标志及标准制作方格图"，设置文字样式及大小并调整到合适的位置，如图 2.4.95 所示。

图 2.4.94　添加页面

图 2.4.95　输入文字

（5）单击工具箱中的【手绘工具】按钮，在文字下面绘制一条直线，完成标准页面效果如图 2.4.96 所示。

图 2.4.96　标准页面

3. 制作标志制图方案

（1）选择标志图形，按 Ctrl+C 组合键进行复制。

（2）按 Ctrl+V 组合键进行原位粘贴，然后调整大小到页面中，如图 2.4.97 所示。单击工具箱中的【图纸工具】按钮，在属性栏中设置图纸行和列参数均为 8，然后在页面中绘制出图纸网格，如图 2.4.98 所示。

图 2.4.97　复制标志

图 2.4.98　绘制图纸网格

（3）单击工具箱中的【文本工具】按钮，在矩形网格中输入相应的坐标数字，并设置文字样式及大小，调整到合适的位置，完成后效果如图 2.4.99 所示。

（4）将标志复制到网格中并调整大小到合适的位置，如图 2.4.100 所示。

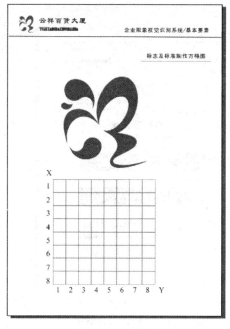

图 2.4.99　输入数字

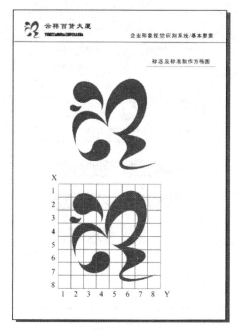

图 2.4.100　标志制图方案

4．制作企业标准色

（1）新建一个页面 3，将页眉复制到页面中，然后更改文字为"企业标准色（标志专用色）辅助色"，如图 2.4.101 所示。

（2）将标志复制到页面中，并调整到合适的位置，如图 2.4.102 所示。

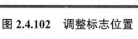

图 2.4.101　更改文字

图 2.4.102　调整标志位置

（3）单击工具箱中的【矩形工具】按钮，在页面中绘制几个矩形，并填充相应的颜色，如图2.4.103所示。

（4）单击工具箱中的【文本工具】按钮，在矩形下面分别输入相应的颜色数值，如图2.4.104所示。

图 2.4.103　绘制矩形

图 2.4.104　输入颜色数值

5. 制作企业辅助图形

（1）新建一个页面4，将页眉复制到页面中，然后更改文字为"辅助图形"，如图2.4.105所示。

（2）将标志复制两次，将其中一个更改为灰色，然后调整灰色的标志向右上移动到合适的位置，如图2.4.106所示。

图 2.4.105　更改文字效果

图 2.4.106　复制标志并调整位置

（3）再次选择灰色标志，将其复制并向右移动到合适的位置，如图2.4.107所示。

（4）将标志复制并调整大小到合适的位置，然后单击工具箱中的【矩形工具】按钮，绘制出两个不同大小的矩形，并填充红色，如图2.4.108所示。

（5）使用【矩形工具】和【椭圆形工具】在页面中绘制一个圆形和一个矩形，并将其焊接成一个整体，如图2.4.109所示。

（6）选择焊接后的图形，按 Ctrl 键向右侧复制一个，然后按 Ctrl+D 组合键将图形重制几个，完成后效果如图2.4.110所示。

图 2.4.107　复制标志

图 2.4.108　排列标志与矩形位置

图 2.4.109　焊接图形　　　　　　　　图 2.4.110　辅助图形重制完成效果

（7）选择【文件】|【保存】命令，在弹出的【保存绘图】对话框中输入文件名并选择保存类型为【CDR-CorelDRAW】。

4.4.4　云祥商厦 VI 应用设计方案

1．应用系统设计

（1）新建一个页面 5，将页面 1 中的所有图形复制到该页面中，然后在页眉位置更改文字为"企业形象视觉识别系统／应用要素"，如图 2.4.111 所示。

（2）单击工具箱中的【文本工具】按钮，分别更改应用要素设计等相关信息，完成应用要素设计封面制作，如图 2.4.112 所示。

图 2.4.111　更改文字

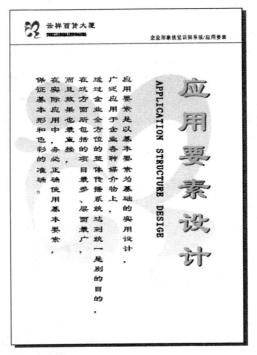

图 2.4.112　应用要素设计封面

2．办公用品系统设计

（1）新建一个页面 6，将页眉复制到该页面中，然后在原文字基础上添加"办公用品系统（名片）"等文字，如图 2.4.113 所示。

（2）单击工具箱中的【矩形工具】按钮，绘制一个 90mm×50mm 的矩形，并填充白色，设置轮廓色为黑色，如图 2.4.114 所示。

图 2.4.113　更改文字　　　　　　　图 2.4.114　绘制矩形

（3）复制矩形并更改颜色为深灰色，调整矩形向右下移动，然后调整顺序到后一位，完成阴影效果制作，如图 2.4.115 所示。

（4）选择标志，调整其大小到合适的位置，如图 2.4.116 所示。

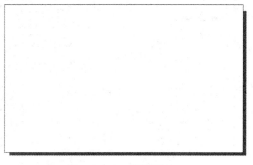

图 2.4.115　调整顺序

图 2.4.116　调整标志位置

（5）单击工具箱中的【文本工具】按钮，在名片中输入相应的文字，并设置文字样式及大小，调整到合适的位置，完成效果如图 2.4.117 所示。

（6）选择名片并将其复制调整到合适的位置，单击工具箱中的【贝塞尔工具】按钮，在复制的名片中绘制一条闭合的曲线并填充红色，如图 2.4.118 所示。

图 2.4.117　输入文字

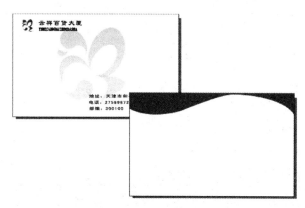

图 2.4.118　绘制曲线图形

（7）单击工具箱中的【挑选工具】按钮，调整标志和文字位置，如图 2.4.119 所示。

（8）使用【手绘工具】和【文本工具】标注名片尺寸，如图 2.4.120 所示。

（9）用同样的方法制作出两种信纸类型并标注尺寸，完成效果如图 2.4.121 和图 2.4.122 所示。

（10）新建一个页面，将页眉复制到页面中，然后更改文字为"办公用品系统（信封）"，如图 2.4.123 所示。

（11）单击工具箱中的【矩形工具】按钮，绘制一个 132mm×66mm 的矩形并填充白色，设置轮廓色为黑色，如图 2.4.124 所示。

（12）单击工具箱中的【矩形工具】按钮，设置填充颜色为无、轮廓为红色，在信封上端绘制一个 5mm×6mm 的小矩形，如图 2.4.125 所示。

（13）选择小矩形并复制 5 个，完成后效果如图 2.4.126 所示。

（14）用同样的方法制作右侧小矩形，如图 2.4.127 所示。

（15）选择左侧小矩形，双击【轮廓色】，在弹出的【轮廓笔】对话框中设置虚线类型，如图 2.4.128 所示。

（16）将标志复制到信封中，并调整大小到合适的位置，如图 2.4.129 所示。

（17）单击工具箱中的【文本工具】按钮，在信封中输入公司地址、邮编、电话号码等文字，如图 2.4.130 所示。

图 2.4.119 调整标志及文字位置

图 2.4.120 标注名片尺寸

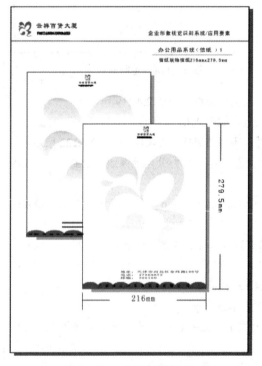

图 2.4.121 信纸完成效果 1

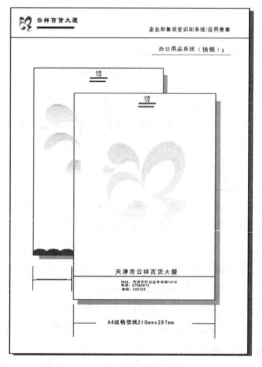

图 2.4.122 信纸完成效果 2

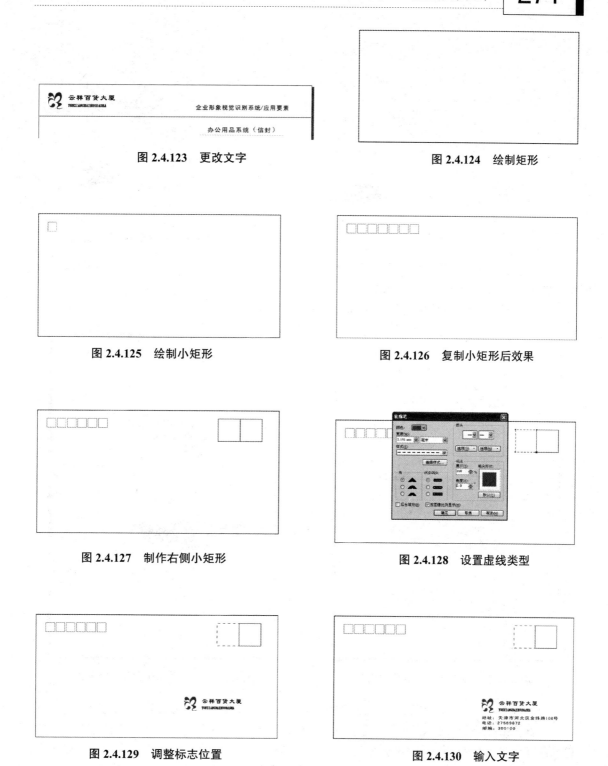

图 2.4.123　更改文字

图 2.4.124　绘制矩形

图 2.4.125　绘制小矩形

图 2.4.126　复制小矩形后效果

图 2.4.127　制作右侧小矩形

图 2.4.128　设置虚线类型

图 2.4.129　调整标志位置

图 2.4.130　输入文字

　　（18）选择信封中的所有图形，复制并移动到合适的位置，然后使用【矩形工具】和【文本工具】绘制航空信封专用标志，如图 2.4.131 所示。

　　（19）单击工具箱中的【文本工具】按钮，在页面中输入文字"小号信封"，并在属性栏中设置文字样式及大小，如图 2.4.132 所示。

图 2.4.131　复制信封　　　　　　　　　　图 2.4.132　输入文字

（20）选择其中一个信封并将其复制到合适的位置，更改颜色 CMYK 值为（3，5，12，0），并将信封旋转到合适的角度，完成效果如图 2.4.133 所示。

（21）用同样的方法制作其他样式的信封，如图 2.4.134 所示。

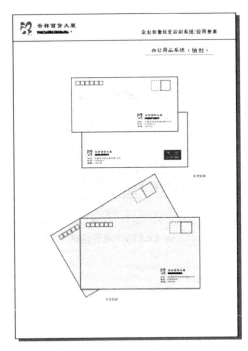

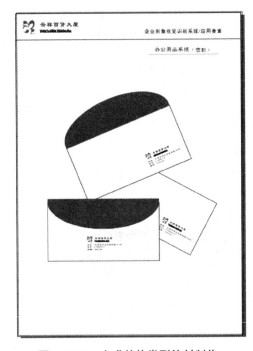

图 2.4.133　更改信封颜色及角度　　　　　图 2.4.134　完成其他类型信封制作

（22）新建一个页面，将页眉复制到页面中，然后更改文字为"办公用品系统（便笺）"。

（23）单击工具箱中的【矩形工具】按钮，绘制 5 个不同尺寸的矩形并填充白色和浅黄色，设置轮廓色为黑色，然后调整矩形的相应角度，如图 2.4.135 所示。

（24）将标志复制到便笺中，并调整大小及角度到合适的位置，完成后效果如图 2.4.136 所示。

（25）新建一个页面，将页眉复制到页面中，然后更改文字为"办公用品系统（证件）"。

（26）单击工具箱中的【矩形工具】按钮，绘制一个 85mm×55mm 的矩形，在属性栏中设置【边角圆滑度】为 5，如图 2.4.137 所示。

（27）单击工具箱中的【矩形工具】按钮，在圆角矩形中绘制一个矩形并填充深红色，然后调整矩形底端为圆角，如图 2.4.138 所示。

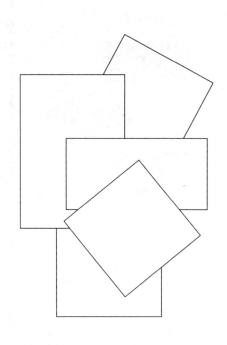

图 2.4.135 绘制矩形并旋转

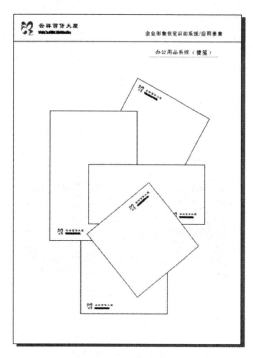

图 2.4.136 调整标志位置

图 2.4.137 绘制圆角矩形

图 2.4.138 调整圆角效果

（28）将标志复制到便笺中，调整大小及角度到合适的位置，并输入相应的位置信息，如图 2.4.139 所示。

（29）选择证件中的所有图形，将其复制并移动到合适的位置，调整标志位置，并更改证件颜色及相应的文字信息，如图 2.4.140 所示。

（30）新建一个页面，将页眉复制到页面中，然后更改文字为"办公用品系统（档案袋）"。

（31）使用【矩形工具】和【形状工具】，绘制档案袋轮廓图形，如图 2.4.141 所示。

（32）使用【椭圆形工具】和【贝塞尔工具】，绘制档案袋绳图形，如图 2.4.142 所示。

图 2.4.139 输入文字信息

图 2.4.140 证件制作完成效果

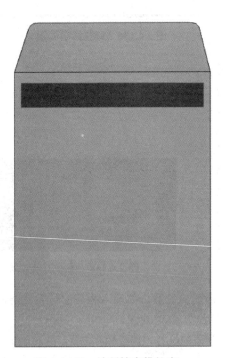

图 2.4.141 绘制档案袋轮廓

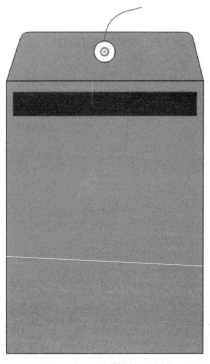

图 2.4.142 绘制档案袋绳

（33）使用【图纸工具】和【文本工具】，在档案袋中绘制网格并输入相应的文字，如图 2.4.143 所示。

（34）将标志复制到档案袋中，调整大小到合适的位置，并更改颜色为白色，如图 2.4.144 所示。

（35）复制档案袋并旋转到合适的角度，完成档案袋制作，如图 2.4.145 所示。

图 2.4.143 绘制网格及输入文字

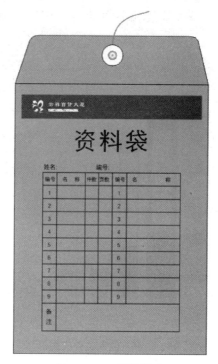

图 2.4.144 调整标志

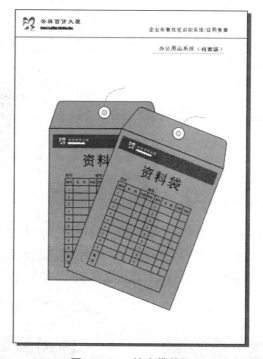

图 2.4.145 档案袋效果

（36）新建一个页面，将页眉复制到页面中，然后更改文字为"办公用品系统（文件夹）"。

（37）使用【矩形工具】和【椭圆形工具】，绘制文件夹图形，然后填充相应的颜色，如图 2.4.146 所示。

（38）将标志复制到文件夹中，调整大小到合适的位置，并更改颜色为白色，如图 2.4.147 所示。

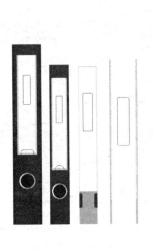

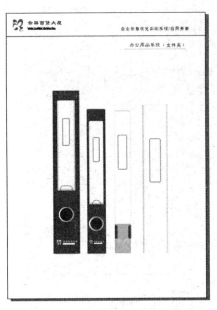

图 2.4.146 绘制文件夹图形   图 2.4.147 文件夹完成效果

3. 旗帜规划系统设计

（1）新建一个页面，将页眉复制到页面中，然后更改文字为"旗帜规划系统（吊旗）"，如图 2.4.148 所示。

（2）单击工具箱中的【矩形工具】按钮，绘制一个矩形并填充深红色，然后使用【形状工具】对矩形进行修剪，如图 2.4.149 所示。

图 2.4.148 更改文字   图 2.4.149 修剪矩形

（3）选择修剪后的图形，复制一个，然后更改颜色为白色，并调整顺序到最后，如图 2.4.150 所示。

（4）使用【矩形工具】绘制两个不同大小的矩形，填充灰色和深红色，然后单击工具箱中的【手绘工具】，绘制一条直线并设置轮廓为虚线，完成后效果如图 2.4.151 所示。

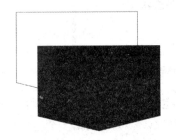

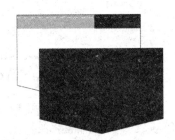

图 2.4.150 复制图形并更改颜色   图 2.4.151 绘制矩形和直线

（5）用同样的方法绘制竖式吊旗图形，如图 2.4.152 所示。

（6）将标志复制到文件夹中，调整大小到合适的位置，然后根据背景颜色更改标志颜色为白色，如图 2.4.153 所示。

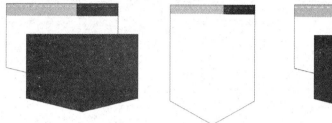  

图 2.4.152　竖式吊旗　　　　　　　　　图 2.4.153　调整标志

（7）使用【矩形工具】和【椭圆形工具】绘制圆形吊旗，并将其向右复制，然后调整标志大小复制到吊旗中，如图 2.4.154 所示。

图 2.4.154　圆形吊旗效果

（8）使用【矩形工具】和【形状工具】绘制其他吊旗，并将其向右复制，然后调整标志大小复制到吊旗中，完成吊旗效果如图 2.4.155 所示。

（9）用同样的方法制作桌旗，效果如图 2.4.156 所示。

 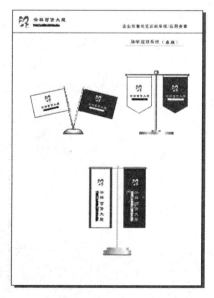

图 2.4.155　吊旗完成效果　　　　　　　图 2.4.156　桌旗效果

（10）新建一个页面，将页眉复制到页面中，然后更改文字为"旗帜规划系统（司旗）"，如图 2.4.157 所示。

图 2.4.157　更改文字

（11）单击工具箱中的【矩形工具】按钮，绘制 3 个大小不同的矩形。

（12）选择旗杆矩形，单击工具箱中的【渐变填充工具】，在弹出的【渐变填充方式】对话框中设置渐变颜色，如图 2.4.158 所示。

（13）用同样的方法填充另一个旗杆颜色，然后调整标志大小并复制到司旗中，如图2.4.159所示。

图 2.4.158　【渐变填充方式】对话框　　图 2.4.159　调整标志位置

（14）选择制作好的图形，复制一个，然后更改旗面颜色为深红色，并调整顺序到最后，然后将标志颜色更改为白色，完成司旗效果如图 2.4.160 所示。

（15）用同样的方法制作竖旗，效果如图 2.4.161 所示。

图 2.4.160　司旗完成效果　　　　　图 2.4.161　竖旗完成效果

思考与练习

1. 思考题

（1）企业的形象概念是什么？

（2）什么是视觉符号？

（3）如何进行标志设计？

（4）如何进行标准字体设计？

（5）如何进行辅助要素设计？

（6）如何进行标准色设计？

2. 练习题

以自己熟悉的企业为题材，利用 CorelDRAW X6 软件进行一系列企业形象设计。

Reference

参考文献

[1] 高文胜. 平面广告设计 [M]. 3 版. 北京：清华大学出版社，2013.

[2] 高文胜. 现代广告创意设计 [M]. 2 版. 北京：清华大学出版社，2010.

[3] 高文胜. 计算机图形创意设计（CorelDRAW12）[M]. 天津：天津大学出版社，2007.

[4] 尹小港. CorelDRAW X6 中文版标准教程 [M]. 北京：人民邮电出版社，2012.

[5] 张凡，等. CorelDRAW X6 中文版基础与实例教程 [M]. 2 版. 北京：机械工业出版社，2015.